KB178227

진해계절

진해계절

발 행 | 2023년 6월 8일
저 자 | 홍예지 (CookPrayLove)
펴낸이 | 한건희
펴낸곳 | 주식회사 부크크
출판사등록 | 2014.07.15(제2014-16호)
주 소 | 서울특별시 금천구 가산디지털1로 119 SK트윈타워 A동 305호
전 화 | 1670-8316
이메일 | info@bookk.co.kr
          cookpraylove@naver.com

ISBN | 979-11-410-3114-5

www.bookk.co.kr
홍예지 2023

진
해
계
절

지은이 _ 홍예지
(CookPrayLove)

Contents

Prologue 7

Prologue .

경상남도 창원시 진해구. 벚꽃이 유명하고 따뜻한 해안도시.

군가족으로 전국을 옮겨다니는 삶을 시작하게 되면서 진해 또한 잠시 있다 떠날 동네라고 생각했습니다. 하지만 예상보다 진해에서 더 오래 머물게 되었고, 벚꽃은 온 동네를 가득 채우며 상상했던 것보다 훨씬 환상적으로 아름다웠습니다. 많은 사람들을 만나 웃을 일도 많았고 눈물 짓는 날도 많았으며, 계절마다 다니던 거리마다 추억이 많아진 동네가 되었습니다.

계절의 변화를 느끼며 제철 식재료를 한아름 가져다 요리하고 나누는 것을 행복해하는 저의 달란트에 참 감사합니다.

하루동안 있었던 일을 신나게 이야기하는 저녁의 식탁에, 여유있는 주말에, 좋은 사람들과 함께하는 행복한 자리에는 항상 맛있는 음식이 있었습니다.

그냥 흘려 보내는 것이 아쉬워서 그동안 만든 요리들을 틈틈이 정리하고 촬영 한 것들을 계절별로 묶어보았습니다.

제가 운영하는 CookPrayLove Youtube채널에 이미 업데이트한 요리도 있고, 책에 먼저 실린 요리도 있으니 요리하다 궁금한 것이 생기면 언제든 오셔서 질문 남겨 주세요. 계절을 느끼며 재료를 고르고, 씻고 손질하며 요리하는 모든 시간들이 행복하시길 바랍니다.

봄 :

봄나물 냉이 파스타 Spring herbs Pasta

봄은 누구에게나 설레고 분주한 계절이지만, 진해는 더욱 그렇습니다.

매일 조금씩 통통해져 가는 꽃망울들과, 해가 잘 드는 가지 끝에서 먼저 팝콘처럼 피어난 벚꽃들은 부지런히 봄을 알립니다.

그렇게 봄을 느끼며 시장에 가면 가장 잘 보이는 자리에 냉이, 달래, 쑥, 봄동 같은 봄나물들이 향을 내뿜으며 존재감을 나타내고 있습니다.

" 그래, 벚꽃은 못 사니까 봄나물을 사서 집에 가자"

간단하게 양념해 생채로, 봄나물 전으로, 된장국에 조금만 넣어도 존재감을 나타내는 봄나물이지만 가장 놀랍게 맛있었던 것은 냉이파스타였습니다.

봄이 생각보다 길지 않습니다. 봄나물은 보이는 대로 사서 부지런히 식탁에 올려 보시길 추천드립니다.

재료

냉이 한 움쿰 (100g~200g), 파스타면 2인분, 굵은 소금, 올리브유, 마늘 5알 편 썰기, 어간장 한스푼 (꽃게액젓, 맛간장, 쯔유로 대체가능)

1. 냉이를 손질하고, 1cm정도로 작게 썰어 뿌리와 잎을 따로 둔다.
2. 냄비에 물 1L를 끓이고 굵은 소금 1스푼을 풀어 파스타면을 봉지에 적힌대로 익힌다.
3. 파스타면을 익히는 동시에 프라이팬에 올리브유를 넉넉히 두르고 편 썬 마늘과 냉이 뿌리를 중간불로 익힌다.
4. 파스타면이 알단테 정도로 익으면 (봉지에 적힌 시간을 참고, 보통 7,8분 걸린다) 후라이팬으로 옮겨 담아 면수 한 국자, 어간장 1스푼을 넣어 부지런히 흔들며 팬에서 1-2분 더 익힌다.
5. 잘게 자른 냉이 잎을 훌훌 털어 넣고 30초 정도 더 익혀 완성한다. * 봄나물과 올리브향으로 충분하지만, 조금 더 녹진한 맛을 추가하고 싶을 때는 그라나파다노 치즈를 갈아서 토핑한다.

* 냉이 다듬기 – 뿌리 쪽 흙은 긁어내고, 상한 겉잎은 떼어낸다.
특히 뿌리에서 잎이 시작되는 부분은 손질하기가 까다롭고 질기기때문에
잘라 내버려도 괜찮다. 냉이 다듬는 과정은 힘들고 버려지는 것도 많지만,
냉이파스타 만들기에서 다듬기만 끝내면 절반 이상 온 것 !

전복 Abalone

전최몇? (전복 최대 몇 마리?)
저는 급할 때 1 시간내로 정말
맛있는 연두빛 전복죽을 뚝딱
만들어 낼 수 있는데, 그 비밀을
이 책에서 살짝 풀어볼까 합니다.

재료

전복게우장 - 전복 10마리, 어간장 (멸치액젓) 25ml, 쯔유 25ml, 미림
20ml, 생크림 70ml, 참기름 2큰술
전복죽 - 게우장, 쌀 2컵, 육수 2리터, 들/참기름, 국간장, 새송이버섯
* 전복 손질 - 솔로 앞면 뒷면 깨끗이 닦고, 물을 1센치정도 끓여 껍질면
10초 정도 잠시 가열했다 꺼내면 껍질에 붙은 살이 살짝 익어서 숟가락으
로도 쉽게 잘 떨어진다. (그래도 껍질이 날카로우니 항상 손을 조심한다)
전복살과 내장을 가위로 분리한다. 전복살에서 이빨과 식도를 잘라내고,
내장에서는 혹처럼 톡 튀어나온 부분을 제거한다.

1. 손질한 내장을 참기름 두르고 중간불에 볶는다.
2. 어간장, 쯔유, 미림을 넣고 잘 저어가며 중간불로 가열한다. 살짝 끓을
   때 불에서 내려 믹서기로 갈아서 냄비에 붓는다.
3. 생크림을 추가하고 가장자리가 살짝 보글거릴 때까지 한번만 가열하여
   소독된 통에 담으면 냉장 3일, 냉동 1달까지 보관이 가능하다.
   * 게우장은 익힌 전복을 찍어 먹어도 좋고, 밥을 볶을 때 한 숟갈 넣으면
   전복 볶음밥, 파스타면을 삶아 볶으면 전복 파스타, 죽 끓일 때 넣으면 전
   복죽이 되는 만능 소스다.

전복찜 : 전복 위에 얇게 썬 무, 다시마를 덮고
청주를 뿌려 약한 불에 1시간 찌면 부드러운 전복 찜이 된다.

전복죽 Abalone Rice Porridge

1. 멸치육수를 내고, 쌀은 씻어서 30분 정도 불린다.
2. 전복살은 대각선으로 칼집을 넣고, 들기름 참기름 두 숟갈씩 냄비에 둘러 중약불에 전복살을 먼저 살짝 볶은 후 꺼낸다.
3. 같은 냄비에 불린 쌀을 볶다가 육수를 부어주고, 국간장 1스푼 넣는다.
4. 바닥이 눈지 않게 잘 저어주며 끓이다가 쌀이 거의 다 익으면, 게우장을 한 국자 넣어서 잘 풀어준다. 간을 보고 부족한 간은 소금으로 한다.
(전복죽에 양파, 톳과 같은 여러가지 부재료를 넣어보았는데, 그 중에 베스트는 잘게 다진 새송이버섯 이었다. 한번 시도해 보세요)

탕평채 Mung Bean Jelly Salad

정조임금 때 화합을 바라는 마음에서 오방색 (五方色, 황(黃), 청(靑), 백(白), 적(赤), 흑(黑)의 다섯 가지 색) 재료를 고루 섞은 묵나물에 탕평채란 이름이 붙여졌습니다. 궁중 음식이지만 생각보다 간단하고, 상큼하게 입맛을 돋우는 한식 전채요리로 아주 추천합니다.

재료

청포묵 한모 (350g), 숙주 50g, 미나리 50g, 계란 2 개, 소고기채 50g, 구운 김 1 장, 간장소스 (간장 3T, 식초 1T, 매실청 1T)

1. 미나리는 잎 부분을 자르고 줄기만 준비, 숙주는 머리꼬리를 떼서 각각 살짝 데쳐낸 후, 가지런히 5cm 길이로 자른다.
2. 청포묵은 6*1*1 길이로 썰고 투명해질 때까지 30초 정도 데쳐낸 후, 간장소스에 버무려 둔다.
3. 노란지단 흰지단 부쳐서 5cm 썰고, 소고기는 살짝 간하여 볶는다.
4. 청포묵을 편편하게 깔고 숙주, 미나리, 지단, 고기를 올린 후 구운 김을 부셔서 고명으로 올린다.

쑥갓두부무침 & 오이탕탕이

Seasoned with Crown daisy Tofu & Seasoned Cucumber

재료 : 쑥갓 100g, 두부 반 모, 다진 마늘 1t, 어간장 1t, 깨

1. 두부 1분 정도 끓는 물에 데쳐내고 으깨어 식힌다.
2. 쑥갓 살짝 데쳐서 짧게 썰어 물기 꼭 짜고 간장, 마늘과 버무린다.
3. 두부가 적당히 식으면 물기를 짜고, 양념한 쑥갓에 가볍게 무친다.

재료 : 오이 1개, 굵은소금, 어간장 1t, 다진마늘 1t, 생강청/즙 1t, 참기름, 깨 (새콤한 맛을 추가하고 싶으면 식초 1t , 매운맛은 고추기름 1t)

1. 오이를 소금으로 문질러서 닦고, 껍질이 두꺼운 오이라면 중간중간 껍질을 벗겨내서 사용하면 훨씬 부드럽다.
2. 오이를 눕혀서 옆면을 밀대로 두드려 오이를 부수고, 큰 조각은 칼로 한입 크기로 썰어준다. 씨가 너무 많으면 씨부분은 제거해도 좋다.
3. 어간장, 다진마늘, 생강청에 오이를 버무려서 맛을 보고, 부족한 간은 소금 간한다. 살짝 새콤한 맛을 원한다면 식초를 추가한다.

돼지고기 피망볶음 Stir-fried Pork Bell Pepper

재료 : 돼지고기 잡채용 200g, 피망 2~4개, 마늘 5알, 액젓 1t, 굴소스1T, 두반장 1T, 생강청/즙 1t, 전분가루 1T, 참기름 1T

1. 돼지고기 핏물을 키친타올로 닦아내고 생강청, 액젓, 두반장으로 밑간 한다. (두반장 없을 시 굴소스로 대체가능, 생강은 필수)
2. 피망은 꼭지와 씨를 제거하고 채친 후, 소금을 두 꼬집 넓게 뿌려둔다. 마늘은 바로 다져 쓰는 것이 향이 훨씬 좋다. 굵게 다진다.
3. 조리하기 바로 전 돼지고기에 전분가루 1큰술 뿌려서 살짝 버무린다.
4. 기름을 넉넉히 두르고 밑간한 돼지고기와 마늘을 볶는다.
5. 고기에 붉은기가 없어지자마자 피망과 굴소스를 넣어 센 불에 빨리 볶는다. 불이 약하면 물이 나와서 질어진다 !
6. 피망이 너무 익지 않는 것이 포인트! 피망이 부드러워지는 것 같으면 간을 보고 아직 아삭함이 남아있을 때 불을 끄고 참기름 한 스푼 둘러서 완성한다.

숙성 연어 Kelp Fermented Salmon

식당에서 먹는 연어는 왜 찰지고 더 맛있을까요, 비결은 연어를 숙성하는 것입니다. 큰 생연어 조각을 사오면, 첫날은 부드럽고 수분감 많은 생연어회로, 다음날은 숙성 연어와 연어구이로 만들어서 즐겨보세요.

재료 : 연어 400g, 청주 반 컵, 다시마, 굵은소금, 양파, 고추냉이,
　　　덮밥 간장소스 - 알룰로스 1T, 간장 1T, 매실청 1T

1. 다시마를 연어를 감쌀 정도로 준비하여 청주에 불린다 (물은 안된다) .
2. 굵은 소금을 연어에 가볍게 뿌리고, 불린 다시마로 감싸서 밀봉하여 냉장고 5-12시간 숙성하면 연어에서 수분이 빠지고 감칠맛이 배인다.
3. 숙성연어 덮밥은 얇게 채친 양파와 연어, 고추냉이를 얹어서 먹는다.
   간장소스와 홀스래디쉬소스 / *사과크림소스를 곁들인다.
   * 사과 반 개를 갈아서　설탕1T, 레몬즙 1T, 마요네즈 4T와 섞기

멍게 젓갈 Sea squirt salted Seafood

봄에는 쨍한 주황빛의 멍게가 참 달고 쌉쌀하고 맛있는데, 멍게를 즐기지 않는 사람들에게는 양념을 더한 멍게젓갈이나 멍게비빔밥을 권해봅니다.

재료 : 깐 멍게 500g, 굵은 소금 8g, 양념(고추가루 2T, 매실액 1t, 액젓 1T, 간장1t, 올리고당 1T, 다진 마늘 1T, 청홍고추 3개, 쪽파 반컵, 깨)

1. 깐 멍게를 소금물에 두 번 흔들어 씻고 체에 받혀 물기를 제거한다.
2. 멍게를 굵은 소금에 가볍게 버무려 냉장고에 1시간 절인다.
3. 절여진 멍게를 적당한 사이즈로 가위로 자르고, 분량의 양념을 먼저 섞어 양념장으로 만든 후 멍게를 넣어 살짝 버무린다.
4. 먹기직전 참기름 살짝 뿌린다. 냉장1주, 냉동1달 보관 가능하다.
   * 멍게 비빔밥 - 상추와 김, 멍게젓갈만 있으면 간단 멍게비빔밥 완성
   * 멍게 된장찌개 - 된장찌개에 멍게젓갈 한 스푼 넣으면 헤븐.

머위대 들깨찜 ButterburPerilla Soup

어릴 적 다니던 교회에는 요리왕 할머니 두 분이 계시는데, 저에게 기억되는 할머니 요리들은 거의 다 그 두 분의 요리입니다. 어느 봄 날, 집 앞 슈퍼에서 머위대를 처음 만나고는 기억 속 머위대 들깨찜을 흉내내보았습니다. 단순한 재료들로 내는 그 깊은 맛을, 저는 여러 번 만들어도 100% 재현하지는 못했지만 포근포근한 추억의 맛을 오래도록 기억하고 싶습니다.

재료 : 머위대 500g, 바지락살 100g, 다진마늘 1T, 참기름, 액젓 1T, 찹쌀가루 3T (농도는 원하는 대로 조절 할 것), 들깨가루 3T

1. 머위대는 손으로 반을 딱 부수면서 1차로 껍질 벗기고, 끓는 물에 소금을 살짝 풀고 5분 삶은 후 찬물에 2,3시간 담궈두어 아린 맛을 제거 하면서 남은 껍질을 마저 벗긴다 (손톱이 검해진다). 한 입 크기로 썰어 둔다.
2. 참기름, 다진마늘, 바지락살을 볶다가 머위대와 액젓을 넣어 볶는다.
3. 육수를 재료가 살짝 잠길 정도로 넣고, 뚜껑 덮어 10분 정도 끓인다.
4. 간을 보고, 찹쌀가루와 들깨가루는 원하는 농도로 맞춰 완성한다.

구운 멘보샤 Baked Mianbao Xia

튀긴 멘보샤보다 담백해서 훨-씬 맛있는, 새우버거 맛이 나는 구운 멘보샤

재료 : 식빵 8장, 새우 25-30마리, 흰자 1개, 전분 1T, 대파 1대, 오일
　　3T, 굴소스 1T, 소금, 생강청/즙 1t, 후추

1. 식빵은 최대한 누르지 않고 가장자리를 정리한 후 4등분 한다.
2. 대파는 작게 다져서 기름에 볶아서 식혀 둔다.
3. 새우는 머리와 껍질을 제거한 새우살만 사용하고 칼 옆으로 탕탕
   힘있게 두드린 후 입자가 약간은 남아있게 다진다.
4. 파 볶은 것, 양념, 흰자, 전분을 새우살에 넣어 치대면 찰기가 생긴다.
5. 새우살을 손바닥에 올리고 새끼손가락부터 모아 꾹 짜면, 엄지와
   검지사이로 동그랗게 나온다. 식빵에 샌드한 뒤, 빵에 오일을
   촉촉하게 뿌려 오븐에서 180도 20분 구워낸다.
   * 소스 (케첩2, 올리고당1, 식초1, 다진마늘0.5, 굴소스0.5)

마 늘 빵 Garlic Bread

식빵 자투리가 왕창 나오거나, 말라서 굴러다니는 빵들을 버려질 위기에서
구할 레시피들. 작게 잘라 바삭하게 구운 크루통을 만들어 스프에 토핑하기,
우유계란물에 푹 담가 노릇하게 구워 낸 프렌치토스트, 이 마저도 귀찮다면
그릇에 빵과 우유계란물을 붓고 오븐에 구워 낸 브레드 푸딩, 다음은 녹진
하고 마늘풍미 가득한 메드포갈릭 마늘빵이다.

재료 : 마늘 35g, 녹인버터 100g, 꿀 50g, 연유 50g, 달걀 1개, 소금 2
꼬집, 체다치즈 한장, 파슬리
1. 마늘은 항상 요리 전에 바로 다져서 쓰면 향이 10배 이상 더 좋다.
2. 버터를 녹이고 잔열로 체다치즈를 녹이고, 꿀과 연유를 섞어준 후 온도
   가 어느정도 식으면 달걀과 마늘을 넣고 섞는다.
3. 빵 앞뒤로 소스를 충분히 바르고 170도 10-15분 구워준다. 바닥에 흐
   른 소스가 잘 타니 뒤집어주면서 시간 조절한다.
   약간 식어야 치즈도 굳고 더 맛잇다 !

닭개장 Hot Spicy Chicken Stew

어릴 때 엄마가 자주 해 주신 닭개장. 엄마는 저와 레시피가 어떻게 다를지 갑자기 궁금해지네요. 육개장보다 맛있는 닭개장입니다.

재료 : 닭 2마리, 향신채 (대파 굵은 초록잎만 5대, 양파 한 개, 통후추, 생강) , 토란대 200g, 고사리 200g, 숙주 2봉지, 대파 흰부분 2대, 고추가루 2-3T, 국간장 5T, 어간장 3T, 부추100g, 산초

1. 닭을 깨끗이 씻어 냄비에 닭이 잠길 정도로 물을 붓고, 향신채와 함께 1시간 삶은 후 건져 살을 발라낸다 (닭가슴살 두 쪽은 따로 두어 다음페이지 초계국수 재료로 써도 좋다).
2. 대파는 길게 채치고, 토란대 고사리는 대파와 비슷한 길이로 자른다.
3. 살짝 식은 육수를 체에 한번 거르고, 육수에 뜬 기름 한국자를 떠서 냄비에 대파와 고추가루 3숟갈 넣고 같이 볶아서 파고추기름을 낸다.
4. 토란대, 고사리, 발라둔 닭 살, 국간장, 어간장을 넣고 육수를 절반 부어 중불에 30분 끓인다.
5. 숙주와 나머지 육수를 붓고 끓인 후 부족한 간은 소금으로 한다.
6. 먹기 직전에 취향에 따라 부추나 산초를 넣어 먹는다

초계국수 Vinegar Chicken Cold Noodles

닭을 한번 삶아서 초계국수와 닭개장을 동시에 만들어보자

재료 : 2인분기준) 삶은 닭 가슴살만 2쪽, 냉면육수 1봉지, 무 100g , 오이 반개, 절임(식초 1T, 설탕 1T), 파프리카 반개, 소면 200g , 간장 1T, 겨자

1. 닭을 향신재료를 넣고 1시간 삶아 닭가슴살만 잘게 찢어둔다.
2. 무와 오이는 얇게 채쳐서 절임물에 섞어둔다.
3. 닭 삶은 육수 한 컵을 식혀서 냉면육수 한봉지, 간장 1순갈과 섞는다.
4. 소면을 삶아 찬물에 씻은 후 그릇에 올리고 잘게 찢은 닭살, 절인 무와 오이, 각종 야채 올린 후 육수를 따라낸다.
5. 취향에 따라 겨자와 식초를 더해 먹는다.

생딸기 우유 Fresh Strawberry Milk

딸기는 꼭지가 뒤집어진 왕관딸기가 맛있답니다. 봄의 색깔 딸기우유

재료 : 생딸기 500g, 냉동딸기 500g, 설탕 700g, 레몬1개, 세척용식초

1. 딸기 꼭지를 먼저 제거하고 옅은 식초물에 흔들어 깨끗히 씻는다.
2. 냉동딸기는 한번 씻어서 해동하고, 분량의 설탕과 섞어 완전히 주물러
   으개어 준다. 냉동딸기를 쓰는 것이 색이 훨씬 예쁘게 나오지만, 작은용
   량으로 만들 때는 생딸기로 전부 다 만들어도 맛은 같다.
3. 생딸기는 빨대로 올라올 정도 사이즈로 잘게 자른다.
4. 레몬즙과 자른 딸기 절반을 (2)에 모두 넣어 설탕을 완전히 녹인다.
   열심히 저을 필요 없고, 한 시간 정도 실온에 두면 다 녹는다.
5. 병에 담거나 또는 스파우트 파우치에 소분하여 하루 냉장 숙성 후 냉동
   보관한다. 냉장보관시 3-4일, 냉동보관시 2달까지 먹을 수 잇는데 설탕
   양이 많아 완전 얼지않고 진한 샤베트 정도로 언다.

프레첼 벚꽃 머랭쿠키
Cherry Blossom
Meringue Cookies

파삭하고 가볍게 부서지는 식감이 참 좋은 쿠키. 동생이 제일 좋아하는 쿠키입니다. 흰자 비린내를 잘 제거하는 것이 중요하고, 보관할때는 작은 통에 나누고, 식품용 실리카겔을 넣어서 습기를 차단해줍니다.

재료 : (오븐팬 2판 기준, 테이크아웃컵 4컵 나오는 분량) 깍지, 짤주머니, 흰자 100g, 설탕 100g, 바닐라익스트랙 1t, 레몬즙 1t, 프레첼 과자

1. 오븐 팬에 프레첼 쿠키를 깔아준다. 원형/벚꽃 깍지를 짤주머니에 끼워서 준비하고, 오븐은 150도 예열한다

2. 유분, 물기가 없는 깨끗한 그릇에 흰자를 따로 분리해서 담아 전자거품기로 30초 정도 먼저 풀어주고, 분량의 설탕을 3번 나눠 넣고 총 4-5분정도 휘핑하여 단단한 머랭을 만들어 준다.

3. 머랭에 바닐라 익스트랙, 레몬즙을 넣고 큰 거품을 정리해주는 정도 낮은 단에서 10초정도 휩 한다.

4. 짤주머니에 담아 프레첼 위에 짜고 120도로 낮춰 60분 구워준다. 오븐 문을 살짝 열고 열이 완전히 식을 때까지 쿠키를 오븐안에 둔다.

마카롱 Macarons

마카롱 꼬끄는 예민한 제과로 머랭 방법, 아몬드가루 상태, 마카로나주 정도, 건조 조건, 굽는 온도 및 시간 등 많은 요인들의 영향을 받습니다.
꼬끄가 잘 안나와도 바싹 구워서 꼬끄 후레이크로 만들면 되니 실패를 두려워 말고 영상을 여러번 숙지한 후 도전 해보시기를 추천드립니다!

재료 : 흰자 100g, 설탕 90g, 아몬드가루 130-140g, 슈가파우더 130g, 식용색소, 원형깍지, 짤주머니, 테프론시트
* 아몬드가루는 신선한 것 (쪄내나 고소한향이 아닌, 밀가루향 같이 아무 향이 나지 않는 것)
* 계란흰자는 깨뜨려서 바로 사용하기보다, 분리해서 4시간~8시간 하루 밤 실온에 두어 액화시켜 사용합니다.

1. 흰자를 먼저 가볍게 풀고, 설탕을 두 번에 나누어 넣고 단단한 머랭을.만든다. (5~6분)
2. 체 친 가루류를 넣고 주걱으로 섞는다. 가루재료가 다 섞이면 핸드믹서로 10초 섞은 후 주걱으로 정리하며 마카로나주를 완료한다.
3. 짤 주머니에 반죽을 담고 일정한 사이즈로 테프론시트지에 팬닝한다.
4. 30분-1시간 습지 않은 실온에서 건조한다. 손에 묻어나지 않을 정도가 되어야하며 1시간이 넘어가도 건조 되지 않는다면 마카로나주가 오버된 것이다. 건조하면서 동시에 오븐도 150도로 예열한다.
5. 145도 오븐에서 12~14분 (오븐팬 중앙 꼬끄를 하나 잡고 흔들었을 때. 움직임이 없을 정도) 굽고 식힌 후, 시트에서 떼어 필링을 채운다.

버터크림 Buttercream

마카롱 꼬끄는 외관을 책임지고, 마카롱의 맛을 결정 하는 것은 필링입니다. 바닐라 버터 크림을 기본베이스로 여러가지 가루(코코아, 녹차, 콩가루, 오레오), 페이스트(피스타치오, 누텔라, 카라멜), 잼(블루베리, 레몬커드), 과일을 샌딩하거나, 가나슈 등 무궁무진한 맛을 만들어 낼 수 있습니다. 짠맛, 고소한맛, 신맛, 약간의 매운맛을 섞어 새로운 디저트를 만들기도 합니다.

재료 : 계란 노른자, 흰자, 설탕, 버터 (실온에 2시간 꺼내 두어서 적당히 말랑한 상태가 되도록, 표면 온도 20도 전후), 바닐라빈, 온도계

1. 계란을 풀어주고, 설탕을 넣은 후 중탕하여 55도까지 가열한다.
2. 밝은 노란색이 되고 부피가 2배 이상 부풀도록 휩 한다.
3. 바닐라빈을 넣고, 버터를 3번에 나누어 넣으면서 버터크림을 완성한다.
4. 버터크림에 가루는 보통 3-5%, 페이스트와 녹인 초콜렛은 10-20%, 크림치즈는 30% 섞어서 다양한 맛으로 만들어 응용한다.
  * 부재료가 너무 많이 들어가면 크림이 너무 단단해지거나 수분으로 인하여 분리되니 조금씩 섞어가며 비율을 높인다.

에그 타르트 Egg Tart

흰자를 많이 사용하는 마카롱이나 머랭쿠키와 같이 만들면 노른자
해결에좋은 에그 타르트. 모두가 좋아하고 간단해서 정말 자주 만든
타르트입니다.

재료 : 퍼프 타르트 쉘 (코리원) 20개, 노른자5개(100g)

    우유+생크림 400ml, 설탕 100g, 바닐라빈1/3개

1. 노른자를 풀고, 바닐라빈 씨를 긁어 넣는다.
2. 우유, 생크림, 설탕, 바닐라빈 깍지를 냄비에 넣고
   설탕이 녹을 정도로
   살짝만 가열한다. (50도)
3. 타르트지를 팬에 올리고 오븐을 200도 예열 시작한다.
4. 노른자에 (2)를 두 번 나누어 부어서 섞어주고 체에 한번 내린다.
5. 타르트지 바닥을 포크로 콕콕 찌르고 필링을 90% 채워 190도 35분
   구워 낸다.

화과자 Flower Sweets

차에 곁들이기 화과자만큼 좋은 것이 있을까요.

재료 : 18-19개 분량 (3가지맛 6개씩 + 자투리 1개)
반죽 - 백앙금 (춘설앙금) 550g, 찹쌀가루 18+ 물 36,
　식용색소
속 - 앙금 475 g (ex, 3가지맛(25g)* 6개씩 150g*3+25g) 초코,콩,쑥,흑임자

1. 앙금을 1분 / 1분 끓어가며 전자렌지에 가열하며 고루 섞어준다.
2. 찹쌀가루와 물을 섞어 전자렌지 30초 가열하면 찹쌀처럼 뭉친다.
　반죽을잘 섞어주고 30초 더 가열해서 섞으면 찹쌀떡같은 '규히'가
　완성된다.
3. 앙금과 규히를 섞고 1분 / 30초 / 30초 끓어가며 가열하고 섞기를
　반복해서 동그랗게 뭉쳤을 때 손에 묻지 않을 정도까지 수분을 날린다.
4. 조색을 하기위해 반죽을 나눠담고 식용색소를 쌀알 정도 아주 소량 섞어
　조색한다. 화과자 1개에 25g
　반죽을 사용한다.

　　ex. 6가지 색 * 3개씩 만들때
　　25g x 6색 x 3개 = 450g
　　나머지 100g 포인트 작은색
　　소분하여 마르지 않게 랩핑
5. 반죽을 지름 8cm정도로 펴고 속 앙금을 올려 지긋이 감싸준다 (포앙).
6. 마르지 않게 뚜껑을 덮어가며 진행한다.
　장식을 붙일 때는 물을 살짝 올려 붙이며, 자세한 만들기는 유튜브를
　참고하세요. 화과자는 냉장 3일, 냉동보관 한달가능, 먹기전에 실온에
　10분 해동한다.

* 화과자 반죽종류

찜통에 쪄내는 고나시, 가장 많이 사용하는 네리끼리 반죽이 있으며 앙금 없는 찹쌀떡 형태의 우이로우, 셋빼 반죽 등이 있습니다.

여러번 시도 끝에 전자렌지로 간편하게, 추가로 들어가는 물엿이나 설탕을 생략해서 달지 않고 쉽게 만드는 레시피로 정리해보았습니다. 명절선물은 물론, 간단한 찻상에 올리면 항상 호응이 좋습니다. 글로 설명하면서 조금 복잡하게 느껴지는데, 영상을 보고 한두번만 따라 만들어보면 캐릭터부터 꽃모양까지 찰흙 놀이하듯 쉽게 만들 수 있습니다.

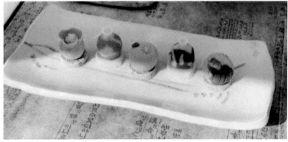

러스크 Rusk

재료는 간단하지만 오븐이 알아서 카라멜 라이징하는 정말 맛있는 러스크.

재료 : 오븐팬 3,4팬 분량 - 길다란 식빵(25장), 버터 300g, 설탕150g, 물엿 35g, *시나몬 (취향에 따라 조절하세요)

1. 식빵은 반으로 자른다.
2. 버터 큰 그릇에 잘라 넣고 전자렌지에 30초씩 나누어 가열해 절반 정도 녹인 후 잔열로 마저 녹인다.
3. 녹인 버터에 설탕, 물엿을 넣고 섞으면 처음에는 분리되는 듯 보이다가 계속 섞어주면 하나로 합쳐지며 소스처럼 변한다. (오븐 150도 예열시작)
4. 식빵 앞뒤로 얇게 바른다. 브러쉬, 스패튤러 다 가능하며 설탕이 가라앉으니 중간중간 아래 위를 섞어준다.
5. 부풀지 않으니 가깝게 붙여도 된다. 예열된 오븐에 140-150도 40-45분 구워준다. 표면이 딱딱 까슬까슬하면 완성이다.

터키 카이막 Turkish Khaimak

스푸파에서 백종원님이 극찬을 거듭하시길래 궁금해서 만들어 본 터키 음식 카이막. 신선하고 부드러운 버터와 생크림의 그 어딘가 중간 식감입니다.

재료 : 우유 800-1000ml, 생크림 1000ml, 보온밥솥, 꿀, 바게트
 1. 우유와 생크림을 잘 풀어서 섞고 전기밥솥 보온기능으로 12-18시간 보온한다. 표면 온도가 60도 전후로 유지된다.
 2. 하루정도 냉장고에서 충분히 식혀준다
 3. 벽을 나무 수저로 조심히 긁고, 가위로 표면을 잘라서 돌돌 말아준다.
 4. 꿀을 뿌려서 하드계열 빵에 발라 먹는다.
 * 짭잘한 홀그레인 머스터드나 올리브를 곁들이면 잘 어울린다.

버터밀크 스콘
Buttermilk Scones

　재료 : 중력분 400g, 설탕 30g, 소금 2g, bp 15g, bs 3g, 버터 100g, 버터밀크 (카이막 아래에 남은 우유 or 우유 270ml + 레몬즙 30ml) 300 ml + 위에 발라 줄 1T

1. 볼에 가루들을 모두 넣어 잘 섞어주고, 치즈 그레이터 같은 채칼로 버터를 갈아 넣어 가루로 코팅 시킨다. 그레이터가 없다면 잘게 깍뚝 썬다.
2. 버터가 잘 코팅되었으면 버터밀크를 넣고 대충대충 70% 반죽한다. (아직 날가루가 듬성듬성 보이는 상태로)
3. 테프론지에 밀가루를 살짝 뿌린 후 반죽을 쏟고, 스크래퍼로 반죽을 네모나게 만져주고 (손은 버터가 녹아서 안됩니다) 가로로 반으로 잘라서 2단으로 쌓아 누르고, 세로로 반을 잘라 2단으로 쌓아주면 반죽이 어느정도 뭉쳐지고 바깥에 자른 결이 뚜렷하게 보이는 상태로 반죽한다. 결이 안정되게 냉동휴지 30분 해 줍니다.
4. 반죽을 꺼내 9등분후 (자른 결이 보여야해요 ! 스콘은 결이 생명!) 버터밀크를 위에 살짝 바르고 185도 18-22분 구워 냅니다.

레몬 딜 스콘 Lemon Dill Scones

재료 : 생크림 50g, 딜 5g, 레몬1개분 제스트, 박력분 200g, 설탕 20g, 소금 2g, bp 4g, bs 2g, 버터 90g, 레몬즙 25+20g, 슈가파우더 100g

1. 생크림에 딜 다진것과 레몬1개분 제스트해서 (토핑분빼고) 담궈둔다.
2. 볼에 박력분, 설탕 소금, bp bs 섞고 잘섞어둔다.
3. 차가운 버터를 가루위에서 그레이터로 갈아 코팅한다.
4. 버터가 다 코팅되었으면 생크림과 레몬즙을 넣어 대충 섞어준다.
5. 냉장휴지 1시간, 70g 소분 후 180도 20분 구워낸다.
6. 스콘이 다 식으면, 아이싱 (슈가파우더 100g+ 레몬즙15~25g) 과 남겨둔 레몬제스트, 딜로 토핑한다.

생크림 스콘 - 시오코나 스콘 Fresh Cream Scones

다른 스콘 보다 간단한데 우유 풍미가 좋아서 제일 자주 만든 스콘입니다.

재료: 12개 기준 생크림 500ml, 강력분 500g, bp 15g, 설탕 70g, 소금 3g

1. 가루 섞어 채치고 생크림 부어서 가볍게 휙휙 섞습니다. 가루가 보이지 않으면 바로 반죽을 마무리 합니다. 너무 치대면 질겨집니다.
2. 동그랗게 두덩이로 모양 잡아서 밀봉하여 냉장휴지 6~24시간 합니다.
3. 한덩이를 여섯 조각으로 피자처럼 나눠서 190도 15~18분 사이즈에 따라 구움색을 보면서 조절합니다. 구운 첫날에는 겉이 바삭하고, 하루 숙성되면 풍미가 더 좋아지고 전체적으로 부드러운 식감이 됩니다.

여 름 :

샐러드 파스타 Salad Pasta

여름에는 불을 적게 쓰는 요리가 최고지요. 혼자 간단히 먹기에도, 손님초대로 냉장고에 있는 재료들로 다양하게 응용 가능합니다.

재료 : 스파게티니, 샐러드 야채, 과일, 메추리알, 소세지, 멕시칸 치즈
　　　소스(케챱1T, 칠리소스 1T, 진간장 1T, 발사믹 2T, 올리브오일
　　　3T,후추 살짝, 다진 마늘 아주 조금)

1. 면을 삶을 동안 소스, 야채, 토핑을 준비해서 그릇에 담아둔다.
2. 스파게티니를 완전히 익도록 삶아내고 물에 씻어 물기를 제거한다.
3. 면을 말아서 담고, 면 위에 소스를 뿌리고 치즈를 듬뿍 뿌린다.

낙지젓 카펠리니 Salted Octopus Pasta

지극히 한국적인 재료인 젓갈과 깻잎을 들기름과 함께 얇은 파스타면에 버무릴 생각을 제일 처음 한 사람은 누구실까, 정말 감사할 따름입니다.

모양은 소면인데 씹는 식감이 훨씬 좋고 잘 퍼지지 않아 여름철 손님요리로 별미로 아주 좋습니다.

재료 : (2인분) 카펠리니면 200g, 굵은소금, 깻잎 20장, 낙지젓 2큰술 다져서, 들기름 2-3 T, 들깨가루 1/2T

1. 카펠리니면을 소금 반 큰술 넣은 물에 5분 삶는다
2. 면을 삶는 동안 낙지젓을 가위로 잘게 다지고, 깻잎은 얇게 채친다.
3. 면을 찬물에 씻어 물기를 빼고, 들기름 한 숟갈을 넣고 버무린다.
4. 면을 돌돌 말아 길게 담고, 깻잎채, 다진낙지젓을 올리고 들기름을 듬뿍두른다. 들기름 향이 부족해서 들깨가루를 반스푼 넣었다. 서빙해서 각자비벼서 먹는다.

열무 얼갈이 물김치 Radish Leaf Watery Kimchi

물김치는 정말 단순한 재료로 발효의 힘에 의지해 맛을 내는 김치입니다. 여름에 냉장고에 없으면 섭섭한 물김치. 익으면 다 맛있으니 도전해봅시다.

재료 : 3-4L통 기준) 열무 + 얼갈이 800g, 굵은소금 반컵, 감자 100g, 고추가루 3T, 새우젓 2T, 마늘 40g, 액젓 1T, 소금1-2T, 물 1.5L, 양파 반개

1. 열무, 얼갈이 겉잎과 뿌리를 손질하여 한입 크기로 자르고, 물 1리터에 소금 반 컵을 풀어 줄기가 소금물에 먼저 담기도록 두어 한시간 절인다.
2. 열무를 절이는 동안 삶은 감자, 고추가루, 새우젓, 액젓, 마늘, 물 한 컵 넣어 곱게 갈아서 준비한다. 양파와 고추는 얇게 채를 친다.
3. 열무 절인 것을 40분쯤 한번 뒤집어주고 1시간 될 때 두꺼운 줄기하나를 구부려 보아 부서지지 않고 유연하게 휘면 잘 절여진 것이다. 뻣뻣하면은 10분 씩 추가로 절여가며 상태를 본다. 너무 뒤적이지는 않는다.
4. 부드럽게 잘 절여 졌으면 한번 헹구어 체에 받친다. 절일 때, 헹구어 낼때에 세게 다루면 풀냄새가 날 수 있어 살살 다룬다.
5. 절인 열무와 얼갈이에 갈아낸 양념을 체에 받쳐서 섞어주고, 채친 양파, 고추, 소금 한 스푼 넣어서 녹인 물 1리터 넣고 살살 섞어준다. 물김치를 담글 때 간은 약간 짜게 되어야 한다. 간을 보고 싱거우면 소금을 물에 풀어 조금씩 추가한다. 물은 총 1.5L 전후가 되도록 한다.
6. 실온에 1-2일 익힌 후 거품이 보글보글 올라오고 맛있는 김치 냄새가 나면 냉장고에 넣어 하루 더 익힌 후 맛있게 먹는다.

꽤 자주 물김치를 담궜던 진해의 뜨거운 여름

참치 파프리카 피클 Tuna Paprika Pickle

감칠맛과 상큼함이 좋은 익힌 피클입니다. 우리에게 가장 익숙한 피클은 오이피클이지만 김치가 여러 종류이듯 피클도 생으로, 말려서, 익혀서 여러가지 형태로 오래 보존하여 먹는 음식입니다. 원 레시피는 엔초비를 쓰지만 익숙한 참치로 바꿔보았습니다. 파스타 같은 양식에 찰떡임은 물론이고, 한식에도, 샐러드 드레싱으로, 샌드위치에도 두루두루 사용하기 좋습니다.

재료 : 파프리카 2개 (500g), 참치50g, 올리브유 100ml, 식초 90ml, 설탕 1T, 소금 0.5T, 마늘 2알, 파슬리

1. 파프리카는 속을 파내 한입크기로 썰고, 마늘은 편 썬다.
2. 올리브유, 식초, 설탕, 소금, 마늘을 큰 냄비에 담고 중간불로 끓인다.
3. 피클 소스가 살짝 끓으면 파프리카를 모두 넣고 3분정도 섞어준다. 파프리카가 많아 보여도 익으면서 숨이 죽고 수분이 나온다. 맛을 보고 부족한 간을 조절하고, 살짝 아삭할 때 불을 끈다.
4. 참치와 허브 넣고 가볍게 섞어주고, 식으면 병에 담아 냉장고에 넣어다음날부터 먹는다. 올리브유가 냉장고에 넣으면 굳어서 분리되어 보여도 살짝 섞어서 잠시두면 녹으니 걱정하지 않아도 된다.

규아상 Guasang (Cucumber and Mushroom Dumplings)

여름에 아삭한 오이가 가득한 여름 궁중 만두입니다.

재료 : 오이5-6개, 소고기 200g, 간장 양념(간장 3T, 설탕 2T, 참기름 1T), 생표고버섯 12개, 만두피 1팩

1. 오이 돌려깎아 씨부분은 제거하고 채 썰고 소금에 살짝 절인다.
2. 소고기는 오이사이즈로 채 썰어 (다짐육을 사용해도 좋다) 간장양념.
   절반을 넣어 버무려두고, 표고버섯은 포떠서 채친 후 물에 살짝 데쳐
   꼭 짜고 남은 간장양념에 버무린다.
3. 오이- 소고기- 표고버섯순서로 기름을 최소한 사용하여 볶아서 식힌다
4. 만두로 빚어 김이 오른 찜통에 7분간 찐다.

콥샐러드 Cobb Salad

불을 많이 안 쓰고, 식단 균형도 맞출 수 있으며, 예쁘게 냉장고도 털 수 있는 1석 3조 메뉴입니다.

재료 : 컬러를 맞추어 야채, 과일, 단백질 (계란삶은것, 소세지나 베이컨)
렌치드레싱 (딜 허브 10g, 그릭요거트 100ml, 마요네즈 100ml, 마늘 1톨,
홀그레인 머스터드 1T, 알룰로스 1T, 소금 1/2t, 후추 / 시판 소스도 가능)

1. 재료들은 전부 크기를 비슷하게 깍둑썰고 그릇에 한줄로 플레이팅한다.
2. 드레싱은 시판 렌치 드레싱도 가능하며, 직접 만들 때는 딜 허브를 꼭
   준비하고 딜과 마늘을 잘게 다져서 재료에 섞기만 하면 완성된다.
3. 테이블에서 소스를 붓고 버무려 먹는다.

따뜻한 토마토스프 Warm Tomato Soup

다정한 요리친구 집사님이 알려주신 여름날 아침에 따뜻하게 먹는
토마토스프 레시피입니다.

재료 : 완숙 토마토(방울도 가능), 올리브유, 알룰로스, 소금 꼬집

1. 토마토를 깨끗이 씻고 칼집선을 살짝 넣어둔다. 냄비 바닥에서부터 물
   2cm 정도 넣고 토마토를 넣어 뚜껑을 덮어서 중간불로 가열한다.
   익으면서 토마토에서 물이 꽤 나오고 껍질이 자연스럽게 벗겨지며
   부드러워 진다.
2. 살짝 식으면 올리브오일 두르고, 소금 한 꼬집, 토마토 당도에 따라
   알룰로스 살짝 넣고 믹서기에 갈아서 따뜻하게 수프처럼 마신다.

가지토마토 Eggplant and Tomatoes

저에게 첫 가지요리는 가지토마토입니다. 가지를 노릇하게 구운 후 토마토소스에 버무린 요리인데 밥에도, 파스타면에도, 빵에도 다 잘 어울리는 조합입니다. 가지+토마토 이 필승 조합을 베이스로 라따뚜이, 가지롤라티니 같은 더 멋진 요리로 만들 수도 있습니다.

가지토마토 : 가지 1인당 2개씩, 시판 토마토소스, 오일, 치즈
1. 가지를 1cm 두께로 도톰하게 잘라서 기름을 아주 얇게 두른 후라이팬에 하나하나 노릇하게 구워 냅니다.
2. 밥이나 빵에 곁들이려면 토마토소스를 살짝만 사용하고, 파스타 소스로 사용하려면 토마토 소스를 조금 넉넉히 사용한다. 기호에 따라 모짜렐라치즈를 녹여내거나 파마잔 치즈를 뿌려도 되지만, 구운 가지가 부드럽고 녹진한 맛을 충분히 내기 때문에 치즈가 없어도 상관없다.

라따뚜이 : 토마토 3개, 가지1개, 애호박1개, 토마토소스 2국자, 오일
1. 오븐을 180도 예열하고, 오븐내열용기에 토마토소스를 넓게 펴담는다.
2. 담백한 맛을 원할 때는 토마토소스만, 조금 더 풍부하고 고소한 맛을 원할 때는 모짜렐라치즈를 한줌 깔아준다.
3. 가지, 애호박, 토마토를 0.5cm 정도 비슷한 두께로 썰어서 번갈아가며 켜켜이 쌓아 돌려 담는다.
3. 오일을 충분히 뿌리고 180도 30분 구움색을 보며 구워낸다.

가지롤라티니 : 가지 1개, 애호박1개, 모짜렐라치즈 큐브나 스트링치즈, 리코타치즈 100g, 토마토소스 2국자, 오일

1. 가지, 애호박을 슬라이스칼로 길게 잘라서 살짝 쪄내 부드럽게 만든다.
2. 가지, 애호박을 겹쳐 깔고 리코타치즈를 한 숟갈 바른 후, 치즈를 넣어 돌돌 말아준다.
3. 오븐 내열용기에 토마토소스를 깔고, 가지말이를 올린 후 오일 스프레이하고 200도에 10-15분 짧게 구워낸다.

가지 간장 파스타 Eggplant Soy Pasta

찐 가지맛을 즐길 수 있는 가지 고수를 위한 혜니쿡의 레시피입니다.

재료 : 2인분) 가지3개, 파스타면 200 g, 파 1대, 마늘 5알, 오일, 김
소스: 간장 3T, 쯔유 1T, 올리고당 1T, 식초1.5T, 후추

1. 분량의 소스를 미리 섞어두고, 파 마늘은 다진다.
2. 가지는 연필 깎듯이 돌려서 삼각형으로 두껍게 썬다.
3. 물 2리터에 굵을 소금 2큰술을 풀고, 물이 끓으면 파스타면을 삶는다.
4. 동시에 후라이팬 중불, 오일 3큰술에 다진 파,마늘 볶다가 가지 넣어 익힌다. (기호에 따라 꽈리고추를 넣어 매운맛을 더하기도 한다)
5. 면수 한국자와 소스 절반을 넣고 가지를 푹 익힌다. 면을 8분정도 익혔으면 팬에 옮겨담고 소스넣어 센불에 물기를 날리며 2,3분 더 볶는다.
6. 조미김이 아닌 구운김을 올려서 완성한다.

구운 가지 무침 Seasoned Roasted Eggplant

재료 : 가지 3개, 양념 (미소된장 1T, 간장 2T, 매실 1T), 소금, 오일

1. 가지를 1.5cm 두께로 두껍게 썰고, 기름을 얇게 바른 후라이팬에 소금을 살짝 뿌려가며 중약불에 부드럽게 익힌다.
2. 가지가 따뜻할 때 양념에 버무리고, 1시간정도두어 간이 배면 먹는다.

입맛 없는 여름, 간단한 밑반찬들입니다.

깻잎김치 Sesame Leaf Kimchi

재료 : 깻잎100장 양념(양파 1개, 홍고추2개, 부추/ 파 약간, 간장8T,
액젓 2T, 고추가루 3T, 깨소금 2T, 다진마늘 2T, 매실 2T, 설탕 1T)
1. 양파 작게 다지고 부추/파를 제외한 다른 양념과 미리 버무려 둔다.
2. 깻잎을 씻어 잘 털어 물기를 최대한 제거한다.
3. 부추/파를 다져 양념에 가볍게 섞은 후, 깻잎 2장 당 양념 한 숟갈씩
   고르게 펴 바르며 포갠다.
4. 실온에 6시간 정도 두고 (물기가 생겨난다), 냉장고 하루 숙성 먹는다.
5. 일주일내로 먹을 분량만 만든다.

묵은지 된장지짐 Kimchi in Boiled Soybean Paste

매운 것을 잘 못 먹는 남편의 페이보릿 묵은지 밑반찬입니다.
재료 : 묵은지 1/4포기, 멸치육수 500ml, 된장 1T, 설탕 1/2T, 들깨가루
1/2T, 들기름, 쪽파, 깨
1. 묵은지를 깨끗이 씻고, 1시간정도 담궈서 짠기를 뺀다.
2. 묵은지가 잠길정도 멸치육수를 붓고, 된장, 설탕, 들깨가루를 넣고 30
   분정도 묵은지가 부드러워 질 만큼 약한불에 푹 끓인다.
3. 간을 보고, 완성전에 들기름을 한숟갈 둘러주고 쪽파와 깨를 뿌린다.
4. 따뜻하게 먹어도, 시원하게 먹어도 맛있다.

고추장물 Chopped Pepper

불닭볶음면 조상님 격인 고추장물, 고추다대기라고도 불리는 매운 밥도둑. 밥에 그냥 비벼 먹기도 하고 비빔밥이나 간장계란비빔밥, 잔치국수, 찌개, 파스타까지 매운 맛을 더하고 싶은 어디에나 곁들이면 좋습니다!

만들 때 청양고추/풋고추 비율을 조절하여 맵기를 조절할 수 있습니다.

재료 : 고추 500g (풋고추만 사용하거나, 청양고추를 반반섞는다. 홍고추를 한두개 섞으면 색이 예쁘다), 국거리멸치 100g, 다시마육수 200-300ml, 간장 2 T, 액젓 1T, 설탕 1T, 다진마늘 1T, 생강조금, 참기름 1T, 깨)

1. 고추는 깨끗이 씻어 작게 다진다. 차퍼를 사용해도 좋은데 모양과 식감이 살짝 달라진다.
2. 머리와 내장을 손질한 국거리 멸치를 마른 팬에 볶고, 고추와 비슷한. 사이즈로 다진다.
3. 오일을 두르고 마늘을 볶다가 다진 고추, 멸치, 생강을 넣고 볶는다.
4. 육수와 양념을 넣고 약불에 20분 푹 끓인다.
5. 간을 보고, 참기름을 살짝 두르면 완성

냉장보관 1주일 냉동실에 소분하면 한달이상 거든하다.

안 끓이는 간단 오이장아찌 Simple Cucumber Pickles

끓이지 않고 간단히 만들어 짧게 먹는 오이장아찌입니다.

재료 : 오이 10개, 설탕 반컵, 간장 한컵, 식초 한컵, 물 한컵

1. 오이를 한입 크기로 썰고, 양념에 설탕만 잘 녹으면 오이를 넣는다.
2. 양념이 턱없이 적어서 당황하겠지만 통째로 살살 흔들어 준 뒤 실온에 4-6시간 정도 두면 오이에서 물이 나와서 오이가 잠긴다!
3. 냉장고에 하루 넣은 후 맛있게 먹는다. (일주일내로 먹을 것)

양배추 들기름 무침 Cabbage seasoned with Perilla oil

마요네즈 드레싱도 무겁게 느껴지는 여름, 가볍고 새로운 생 양배추 무침
재료 : 양배추 300g, 가는 소금 1/2-1t, 들기름 1T, 통후추 갈은 것
 1. 양배추를 깨끗이 씻고 물기를 제거해 사방 2cm정도로 나박 썬다.
 2. 가는 소금을 뿌려 간이 잘 배게 주무른다. 살짝 간간하게 간한다.
 3. 들기름과 통후추 갈은 것을 뿌려 완성한다.

아보카도 명란 비빔밥 Avocado-Salted Pollock Roe Bibimbap

아보카도의 크리미함과 명란의 짭짤한 맛이 놀랍게도 간장게장을 떠올리
게 합니다.
재료 : 2인분) 아보카도 1알, 명란젓 2줄, 양파1/4개, 잎채소, 계란후라이. 2
개, 맛 간장 1T (일반간장 가능), 참기름, 김가루
1. 아보카도는 슬라이스하고, 양파는 작게 채 썬다. 계란은 후라이 한다.
2. 밥 위에 잎 채소, 양파, 아보카도 반개, 껍질 제거한 명란 젓 1줄,
   맛간장 반큰술, 참기름, 김가루, 계란후라이 올려 비벼먹기

분짜 Bun Cha

월남쌈과 비슷한 듯 또 새로운 베트남요리 분짜를 소개합니다

재료 : 소/돼지 불고기감 200g, 당근 100g, 양상추/상추/새싹채소 100g,
냉동 떡갈비/만두 조금, 버미셀리 100g, 파인애플 등등 넣고 싶은 야채
분짜소스 : 뜨거운물 100ml, 설탕 50g(감미료 대체한다면 20g), 멸치액
젓50ml, 레몬 1개(식초 20ml대체가능), 다진마늘 1T, 다진 페페론치노 1t,
작게 썬 당근 조금,

1. 분짜 소스를 먼저 만든다. 뜨거운 물에 설탕(또는 감미료)을 완전히
   녹인 후, 액젓-레몬(또는 식초)-마늘-고추 순으로 넣어 섞는다.
2. 버미셀리 (소면처럼 얇은 쌀국수)는 30분 찬물에 불리고, 끓는 물에 1
   분 삶아 완전히 익힌 후, 꺼내서 찬물에 헹궈 물기를 제거한다.
3. 당근 등 야채들은 얇게 채 썰어 준비한다.
4. 고기에는 간단히 불고기 양념하여(간장 1T, 액젓1, 설탕 1T, 참기름,
   다진마늘 약간씩) 볶아낸다. 불 맛을 더하고 싶으면 후라이팬 안으로
   토치해서 불맛을 입힌다.
5. 냉동 떡갈비나 냉동 만두를 구워서 한입크기로 자른다.
6. 야채와 따뜻한 고기는 분리해서 담고, 분짜소스는 개인당 그릇에 조금
   씩 담고 작게 썬 당근을 올려준다.
7. 각자 소스에 면과 고기 야채를 담궈서 맛있게 먹는다.

패션 후르츠 에이드 Passion Fruit Aid

새콤달콤한 패션후르츠청과 새콤한 히비스커스티의 조합이 좋습니다.

재료 : 패션후르츠(백향과) 1kg, 설탕 400g, 히비스커스 티, 얼음

 * 대용량으로 할 때는 패션후르츠 속만 파낸 냉동 퓨레를 구매하는 것이 좋다. 하지만 가정용으로 조금만 만들 때는 패션후르츠(백향과) 생과나, 냉동과를 사서 속을 파내어 쓰는 것이 향도 좋고, 속껍질도 제거할 수 있다.

1. 패션후르츠 1kg 반을 갈라 속을 파내면 퓨레 500g 정도 만들어진다.

2. 퓨레와 설탕이 녹도록 잘 섞고 냉장보관 1주일 이상 두고 먹을 것은 냉동보관한다. (네이버 '스파우트파우치'에 냉동보관하면 편리하다)

3. 히비스커스티를 진하게 우려내고 식힌다.

4. 패션후르츠청, 얼음, 시원한 히비스커스차 순서로 부어서 먹는다.

요거트 블루베리 스무디 Yogurt Blueberry Smoothie

더위를 피해서 낯선 카페를 갔을 때, 제가 비교적 자주 시키는 메뉴는 요거트베이스 스무디입니다. 커피 취향은 디카페인으로 바꿨고, 여름에 먹기 너무 달거나 텁텁하지 않고, 시판 파우더를 사용하기 때문에 어딜가도 거의 비슷한 맛을 냅니다. 집에서도 여름에 냉동 블루베리를 한 봉지 사두면 요거트에도 넣어 먹기도 하고, 때로는 시원하게 갈아서 먹기도 합니다.

재료 : 떠먹는 요거트 200 ㎖, 냉동 블루베리 200g, 우유 100 ㎖, 꿀
1. 냉동블루베리 체에 받쳐서 씻어 믹서기에 담고 요거트, 우유 넣는다. 꿀은 블루베리나 요거트 당도에 따라서 조절한다. 얼음은 따로 넣지않아도 전부 시원한 재료라 너무 차갑지않고 바로 마시기 좋은 온도가 된다.
2. 믹서기에 신나게 갈아서 맛있게 먹는다.
　(Vitamix 믹서기가 사고 싶었는데, 첫 집들이 때 선물 받은 믹서기가 아직 너무 잘 작동되서 안타깝게도 계속 사용하고 있습니다)

바닐라크림 콜드브루 Vanilla Cream Cold Brew

아이스음료가 맛있어지면 여름이 왔음을 실감합니다. 일반커피보다 콜드브루커피 특유의 청량함을 좋아합니다. 콜드브루커피 원액을 직접 만들기도 하는데 하루하루 숙성 할수록 코코아향이 짙어지는 것이 흥미롭고, 기구를 직접 씻고 관리 할 수 있어 마음이 놓입니다. 크림양이 적당해서 너무 무겁지 않고, 적당히 달콤한 바닐라크림 콜드브루를 소개합니다.

재료 : 생크림 30ml, 우유 60ml, 바닐라시럽 25ml, 콜드브루커피, 얼음

1. 생크림, 우유, 바닐라시럽을 작은거품기로 저어 요거트 농도로 휩한다.
2. 콜드브루커피 200ml와 얼음을 담고 바닐라크림을 위에 부어서 완성.

달고나커피 Dalgona Coffee

코로나로 다들 집에 격리되어 있던 시절, 너도나도 천번씩 저어 고생스럽게 만들던 커피를 베이킹용 전자거품기만 있으면 금방 만들 수 있습니다.

재료 : 인스턴트 커피가루 1T, 설탕 1.5T, 뜨거운 물 1.5T, 거품기

1. 커피가루와 설탕, 뜨거운 물을 섞고, 색이 밝아지고 생크림처럼 될 때까지 전자거품기로 계속 휩한다. 안타깝게도 다이소 거품기는 힘이 딸려서 안된다.

2. 우유와 얼음을 담고, 아이스크림 스쿱으로 퍼올리면 예쁘다. 맛은 부드러운 믹스커피맛, 공기가 많이 들어가 끝까지 부드럽게 먹을 수 있습니다.

모듬과일청 Mixed Fruit Syrup

여러가지 과일이 섞이면서 나는 향과 다양한 식감이 정말 좋아서 조금이라도 꼭 만들어보시길 추천합니다. 너무 무르지 않은 과일을 사용하는 것이 좋기 때문에, 그냥 먹기에 너무 시거나 덜 익은 과일 활용하기에 좋습니다.

재료 : 파인애플 300g, 초록키위 3개, 용과 1개, 오렌지 1개, 딸기(or 블루베리) 300g, 설탕 500g, 레몬 반개 분량의 레몬즙

1. 딸기를 제외한 과일은 비슷한 사이즈로 깍둑 썰어서 각각 볼에 담은 후, 분량의 설탕을 4군데 나눠담고 섞어 완전히 녹여서 준비합니다.
2. 큰 볼에 4가지 과일과 레몬즙을 넣고 잘 섞어준 후, 딸기를 넣고 살짝 섞어서 병에 담습니다. 6시간 냉장숙성 후에 먹습니다. 플레인요거트에 올려먹거나 탄산수에 섞어서 에이드로 마십니다. 수분량이 많아 오래 보관하기는 힘듭니다. 5일내로 소비합니다

초코 바스크치즈케이크 Choco Basque Cheesecake

바스크 치즈케이크라고 새롭게 등장한 치즈케이크는 비교적 재료가 간단하고, 고온으로 겉을 태우듯이 구워 군고구마향 같은 특유의 향이 특징입니다. 몇가지 바스크 치즈케이크를 구워 보았는데 이 케이크는 초코아이스크림맛이라 다들 정말 맛있다고 합니다. 비밀의 재료는 코코넛밀크 입니다.

재료 : 크림치즈 500g, 다크초코 200g, 생크림 200g, 설탕 100g, 계란 4개, 코코넛밀크 50g, 옥수수전분5g, 코코아파우더 14g

1. 모든 재료는 실온에 꺼내두어 찬기 없이 준비한다. 치즈케이크틀에 종이 호일을 구겨넣어 러프하게 준비한다.
2. 다크 초콜렛은 중탕이나 전자렌지에 30초씩 나눠가며 녹인다
3. 크림치즈는 매끈하게 풀고, 설탕 - 계란 하나씩 - 생크림+코코넛밀크 - 전분과 파우더 체쳐서 순서대로 하나씩 섞어주는데, 불필요한 공기가 들어가지 않게 휘핑기를 바닥에 붙여 휩한다.
4. 녹인 초콜렛이 너무 뜨겁지 않을 정도로 식었다면, 치즈케이크 반죽에 조금씩 흘려넣어 섞는다. 덩어리가 생겼다면 체에 한번 내리고, 치즈케이크 틀에 붓는다.
5. 200도로 예열한 오븐에 30분 구워내고 꺼냈을 때 중간이 약간 출렁이면 오븐에서 식힌다.
6. 열기를 완전히 제거한 후, 냉장고에 숙성 6시간후 자른다.

키토 생크림 아몬드 스콘 Keto Fresh Cream Almond Scones

　최근 저탄고지가 유행하면서, 다이어트의 표적이 지방에서 탄수화물로 바뀌었습니다. 우리가 쉽게 접하는 초가공식품의 정제기름과 정제당 과다 섭취가 문제로 지적되고 있습니다. 설탕 대체제로 쓰이는 여러 감미료들도 장기간 다량으로 섭취할 경우 장내미생물이나 혈당관련 기타 문제들을 일으킬 수 있고, 우리를 단맛에 계속 익숙해지게 합니다.

　오랜시간 베이킹을 하면서 많은 양의 버터와 밀가루, 설탕을 마주합니다. 대체방안으로 비건베이킹, 쌀베이킹, 키토베이킹 등 여러 분야에 도전해보며 제가 내린 결론은 어떤 디저트든 득과 실이 있으며, 공장에서 많은 첨가물과 보존제를 넣어서 만든 것보다 직접 만든 것이 좋고, 한번에 여러 조각을 많이 섭취하는 것보다 행복한 시간에 여러사람들과 또는 혼자 기분전환을 할 만큼 따뜻한 차와 한 조각 정도 가볍게 즐기는 디저트는 우리 삶을 훨씬 풍요롭게 만들어 준다는 것입니다.

　혈당문제가 고민이신 어른들이나, 밀가루나 설탕 섭취량을 줄여보고 싶을 때 한번쯤 도전 해볼만한 간단한 키토베이킹들을 소개하려 합니다.
* 감미료는 에리스리톨, 나한과, 스테비아, 알룰로스파우더를 사용합니다.

재료 : 아몬드가루 130g, bp 2g, 소금 1g, 감미료 10g, 녹인버터 30g, 생크림 70ml

1. 가루류(아몬드가루, bp, 소금, 감미료) 덩어리지지 않게 먼저 잘 섞어주고, 액체류 (녹인버터와 생크림)을 부어서 가볍게 섞어준다.
2. 반죽을 10분 냉장휴지하고, 심플하게 4등분하여 180도 15-20분 색을 보며 구워낸다.

키토 초코마블머핀 Keto Choco Marble Muffins

재료 : (6개) 아몬드가루 110-120g, 코코넛가루 15g, b.s 2g, 감미료 30g, 생크림 35ml, 녹인버터/코코넛오일 35ml, 바닐라익스트랙 5ml, 초코반죽 (카카오파우더 10g, 생크림 35ml)

1. 가루류를 잘 섞어 체에 내리고, 액체류를 부어 잘 섞는다.
2. 반죽을 1/3정도덜어 카카오파우더와 생크림을 넣어 잘 섞는다.
3. 일반반죽과 초코반죽을 한숟갈씩 번갈아 담고 젓가락으로 크게 한번 저 어준다.
4. 180도 20분 구워낸다.

키토 도지마롤 Keto Dojima roll

재료 : 정사각(20*20)팬, 계란 3개, 감미료 10g, 아몬드가루 30g, 생크림30 ml, 바닐라 익스트랙, 필링용 생크림 200 ml, 감미료 10-15g (달콤하게)

1. 흰자를 머랭 올린다. 노른자에 감미료를 넣고 중탕으로 살짝 따뜻하게. 데워 밝은색이 될 때까지 휘핑한다.
2. 아몬드가루 채쳐 넣어 가볍게 섞어주고, 머랭을 두번 나누어 섞는다.
3. 작은 그릇에 생크림과 반죽 약간을 덜어서 섞고, 전체 반죽에 섞어준다.
4. 정사각팬에 유산지를 깔고 반죽을 부어 평평하게 펴준다.
5. 150도로 예열한 오븐에 20분 구워내 식힘망에 식힌다.
6. 필링용 생크림을 단단하게 휘핑한다.
7. 시트가 아직 살짝 따뜻할 때 생크림을 쌓고, 종이호일을 캔디처럼 양쪽을 말아서 냉장고에서 2시간 이상 굳힌 뒤 썬다.

키토 바나나브레드 Keto Banana Bread

재료 : 머핀4개) 달걀 1개, 감미료 20g, 바나나1-1.5개, 녹인 코코넛오일 70ml, 아몬드가루 110g, bp 2g, bs 0.5g, 시나몬 2g, 소금 0.5g

초코 : 머핀 4개) 달걀 1개, 감미료 15g, 바나나 1개, 녹인 코코넛오일 20 ml, 아몬드가루 50g, , bp 2g, bs 0.5g, 코코아 10g, 레몬즙 5ml, 생크림 20ml, 초코칩 25g, 잔탄검 1g.

1. 달걀을 알룰로스와 섞어 뽀얗게 거품낸다.
2. 코코넛오일은 녹도록 전자렌지에 살짝 가열하고, 바나나 으개어 코코넛 오일와 섞어 달걀거품에 넣는다.
3. 가루류를 체쳐서 반죽에 거품기로 혼합한다.
3. 머핀틀에 담고, 180도 예열된 오븐에 25-30분 굽는다.

무반죽 저온발효 깜빠뉴 Low-tem. fermentation Campagne

제빵을 집에서 하기에는 반죽도 발효도 쉽지 않습니다. 홈베이킹 초기에는 제빵류에도 많이 도전하였는데, 집에서 제빵은 쉽지않다는 결론을 내리고 주로 간단한 반죽 + 냉장고에 저온발효하는 빵위주로만 굽고 있습니다.

재료 : 강력분 200g, 드라이 이스트 2g, 물 150ml, 소금 3g, 꿀 10g

1. 강력분에 이스트를 섞고, 물에 소금, 꿀을 녹인 후 가루에 부어 섞는다.
2. 뚜껑 덮고 실온에 30분 휴지한 후 길게 늘여접기를 두세번 반복한다.
3. 냉장고에 뚜껑 덮어 넣고 저온발효 8-12시간 한다. (보통 전날밤에 반죽해서 다음날 낮에 굽는다)
4. 다음날 반죽을 펀칭하여 공기를 빼고, 유산지 위에 둥글게 성형한후 찬기가 빠지고 살짝 부풀어 오를 때까지 실온에 1,2시간 휴지합니다.
5. 오븐에 무쇠솥을 넣고 230도로 20분 충분히 예열한 후, 반죽을 유산지째로 솥안에 넣어 30분 구워냅니다.

다쿠아즈 Dacquoise

마카롱과 재료는 비슷하지만 훨씬 만들기 쉽고 구름처럼 가벼운 식감입니다.

재료 : 흰자 100g, 설탕 45g, 아몬드가루 90g, 슈가파우더 80g, 박력분 10g, 식용색소, 다쿠아즈틀, 테프론시트, 물스프레이, 슈가파우더, 채

1. 차가운 흰자를 30초 풀어주고, 설탕을 3번나눠 넣어서 4분간 머랭 올려준다. (색은 이때 내준다)
2. 아몬드가루와 슈가파우더, 박력분을 잘 섞어 굵은 체에 내린다.
3. 머랭이 짧고 빳빳한 뿔로 다 올라왔으면 가루를 넣고 #자를 그리며 바닥을 훑어가며 반죽한다.
4. 약간 꺾이는 부드러운 뿔이 될 정도로 반죽한후, 다쿠아즈틀에 물스프레이를 충분히 하고 반죽을 짠다. 마카롱보다 반죽이 까다롭지는 않다.
5. 다쿠아즈틀을 제거하고 슈가파우더를 고운체에 담아 반죽위에 남아있을 정도로 두세번 충분히 뿌려준다.
6. 150도로 예열 된 오븐에 20-23분 구워낸다.
7. 충분히 식힌 후 버터크림이나, 버터+팥앙금 등을 필링한다.

가 을 :

손만두 Homemade Dumplings

 이북이 고향이신 할아버지 할머니 영향을 받아 우리집은 명절에 제사음식을 만들지 않고 가족이 모여 빈대떡과 이북식 만두를 빚습니다. 늘 어른들이 만두속을 만드셨는데, 결혼후에 어깨너머로 봤던 재료들과 시행착오를 거듭하며 저만의 만두 레시피를 만들어가고 있습니다.

 재료 : (만두 200개 기준) 돼지 다짐육 2kg, 고기양념(굴소스 3T, 간장/액젓 3T, 매실청 2T, 생강청 2T 또는 다진생강 1T, 다진마늘 3T, 전분 3T, 후추 1t), 대파 5대, 두부 1모, 달걀 5개, 배추 반포기, 굵은소금 1T, 부추 1단, 냉동만두피 (전날 냉장해동 해두기)

 1. 배추를 작게 다지고 굵은소금 1T 고루 뿌려서 살짝 절인다.
 2. 돼지 다짐육에 양념을 넣어 고루 치댄다.
 3. 대파 다지고, 두부는 면포에 넣어 물기를 짜고, 절인배추도 물기를 짜고, 달걀까지 해서 고기 반죽에 고루 섞는다.
 4. 마지막에 부추 다져서 넣고 살짝 버무리고 작게 쥐어서 전자렌지 돌려 간을 봅니다.
 5. 열심히 만두를 빚습니다.
 6. 김이 오른 찜기에 10분 찝니다. 군만두로 먹으려면 후라이팬에 아래면을 노릇하게 익힌 후 물을 1/3컵 넣고 뚜껑을 덮어 찌듯이 익힙니다.

떡갈비 Tteokgalbi

재료 : 돼지고기 다짐육 600g, 양파 1개, 대파 2대, 다진마늘 3T, 양념(간장 2T, 매실청 1T, 참기름 2T, 후추 1t, 미림 2T, 생강청 1T 또는 다진생강 1/2T, 찹쌀가루 2T), 유장 : 떡갈비10개당 간장1T, 참기름1T, 물엿1T

1. 양파는 작게 다지고 갈색이 나도록 볶아준 후 식혀둔다. 대파와 마늘도 다진다.
2. 고기 핏물을 키친타올로 가볍게 닦아내고 양념을 넣어 반죽한다.
3. 볶은양파, 다진대파와 다진마늘을 넣고 반죽한다.
3. 탁구공사이즈로 빚고 한 면을 굽고 물을 한 스푼 넣어 스팀으로 속까지 익히고 다 익으면 유장을 앞뒤로 바르며 구워낸다. 또는 오븐을 230도로 충분히 예열 후, 10분정도 익혀 식힌 뒤 냉동 보관 가능하다. 먹을 때 해동하여 유장 바르며 한번 더 구워서 먹는다.

늙은호박전 Pumpkin Pancakes

가을 시장에 가면 곳곳에 있는 늙은호박채로 호박전을 구워봅니다.

재료 : 늙은호박채 500g (땅콩호박이나 단호박도 가능합니다), 설탕 1T, 소금1/2T, 밀가루 2/3~ 1컵, 물 1컵

1. 늙은 호박채를 구하면 편리하지만, 만일 없다면 땅콩호박이나 단호박 껍질을 제거해서 채친다. 설탕 1T, 소금 1/2T 뿌려서 버무려 둔다.
2. 호박이 부드러워지고 물기가 배어나오면 밀가루와 물을 조금씩 넣으며 주무르며 반죽한다. 늙은호박은 수분이 많은 편이나 땅콩호박이나 단호박은 수분이 적으므로 물을 조절한다. 반죽은 호박을 이어 붙이는 정도만 한다. 찹쌀가루나 쌀가루로 대체해보았는데 밀가루보다 훨씬 질어졌다.
3. 기름 넉넉히 두르고 부쳐낸다.

우엉잡채 Burdock Japchae

연근, 우엉은 가을이 제철인 뿌리채소들 입니다.

재료 : 우엉 200g, 식초, 마늘쫑 100g, 소고기 잡채용 100g, 건표고 2개, 빨간 파프리카 반개, 양념 (간장4T, 설탕 2T, 미림 2T, 참기름 1T)

1. 우엉은 가장 얇은 채칼로 채치고 연한 식초물에 담궈 쓴맛을 제거한다.
2. 마늘쫑은 4등분합니다. 파프리카는 채, 건표고도 포를 떠서 채치고 고기와 함께 양념을 3스푼 덜어 후추 살짝 넣어 밑간 해둡니다. 길이와 두께는 비슷하게 맞춰주는 것이 완성했을 때 가지런합니다.
3. 후라이팬에 재료를 각각 볶아냅니다. 마늘쫑, 파프리카는 각각 살짝 소금 간하여 먼저 볶아내고, 우엉채는 나머지 양념을 넣어 촉촉하게 볶고, 고기와 표고를 볶습니다.
4. 재료를 잘 섞은 후 통깨를 뿌려 완성합니다.

두부유부초밥 Tofu in Fried Tofu Balls

나혼산 프로그램에 화사가 만들어서 화제가 되었던 두부를 채워넣은 유부초밥입니다. 고소한 맛이 좋습니다.

재료 : 두부 반모, 곤약밥 2/3공기, 유부초밥 8개
1. 두부는 물기를 꽉 짜고 곤약밥과 섞어 양념합니다.
2. 유부에 채워서 완성

* 오랫동안 먹어왔던 세모유부가 아닌 네모유부에 밥을 채우고 냉장고를 털어서 계란스크램블, 불고기, 참치마요, 갈릭쉬림프 같은 간단한 요리나 볶은김치, 진미채조림과 같은 밑반찬을 올리면 근사한 토핑유부초밥이 됩니다.

김밥/키토김밥 kimbap/Keto- kimbap

코로나기간동안 밀집공간을 못 가 다 보니 남편과 등산을 시작했습니다. 처음에는 동네 뒷산으로 시작해서 등산전문가 친구의 조언을 받아 영남알프스 9봉에 도전했습니다. 등산을 다니면서 간단히 김밥을 많이 말았습니다. 등산은 한 낮이 되면 너무 더워지기 때문에 생각보다 이른 아침에 시작하며 그 시간에 김밥집은 주로 문을 열지 않았기 때문이지요. 김밥 3줄 정도를 말고 남은 김밥김은 테이프로 잘 밀봉해두면 생각보다 오래 쓸 수 있습니다. 재료가 다 갖춰지지 않아도 좋아요, 집김밥 만의 맛이 있습니다! 재료를 듬뿍넣고 밥에 소금+참기름 간은 반드시 하는 것이 포인트입니다.

__클래식 김밥__ : 김밥김, 밥, 단무지(장아찌), 계란, 햄, 맛살, 오이, 시금치(부추), 당근 등등, 참치 마요를 넣을 때는 반드시 깻잎을 깔아줍니다.

__바르다 김밥__ : 김밥김, 밥, 소세지, 단무지, 당근, 오이, 계란
　　　　　　　당근과 오이, 지단을 곱게 채쳐서 듬뿍 넣고 김밥을 말아보자.

__키토 김밥__ : 김밥김, 밥 대신 양배추채, 슬라이스치즈, 계란, 단무지, 야채
　　　　　　밥 대신 양배추채를 듬뿍 넣고 김밥을 말아보자. 접착면은 슬라이스치즈 반장을 나눠서 깔아주고 붙여준다.
　　　　　　김밥보다 샐러드 같은 맛이 난다.

마파두부 Mapa Tofu with Rice

재료 : (2인분) 두부 2모, 돼지고기 간 것 200g, 대파 1대, 마늘 5알, 고추기름 5T(식용유 5T+고운고추가루 2T), 양념 (두반장 1T, 굴소스1T, 간장1T, 액젓 1T, 알룰로스 1T, 매실청 1T, 생강청 1T), 물 한컵, 연근 1/4개, 전분

1. 두부는 큐브모양으로 썰어서 물기를 빼두고, 연근과 대파, 마늘은 작게 다진다. 돼지고기는 핏물을 닦아둔다. 양념은 미리 섞어둔다.
2. 고추기름에 다진파, 다진마늘을 볶아 향을 올리고 돼지고기를 볶는다.
2. 양념과 물 한컵을 넣어 한번 끓으면, 두부와 연근을 넣고 뚜껑덮어 10분 정도 끓인다.
3. 전분물(전분1T+물3T) 넣어 농도를 맞추고 참기름 한바퀴 둘러 완성한다.
   * 마라 좋아하시는분은 마라소스 한스푼 넣으면 마라마파두부가 된다.

두부강정 Fried Tofu Seasoning

두부강정은 어릴 때 동생과 종종 만들어 먹던 추억의 요리입니다. 양념치킨이 부럽지 않은 맛이에요.

재료 : 두부 1모, 전분 3T, 식용유, 양념 (케찹2T, 간장 1T, 고추가루 1T, 올리고당 1T, 설탕 1T), 통깨

1. 두부는 큐브모양으로 썰고 키친타올로 물기를 충분히 제거한다.
2. 크린백에 전분과 두부를 담아 굴려가며 전분옷을 입혀준다.
3. 기름을 자작하게 두르고, 달라 붙지않게 서로 거리를 두어 두부 겉을 바삭하게 익혀준다.
4. 양념을 팬에 한번 끓이고 익힌 두부를 넣어 양념을 고루 입혀 완성 !

구운두부조림 Grilled-Tobu boiled in spiced

재료 : 두부 1모, 들기름, 파 1대, 양파 1개, 양념: 고추가루 2T, 다진마늘 1T, 새우젓 1T, 간장 3T, 생강청 1/2T, 후추), 육수 1-2컵, 통깨

1. 두부를 도톰하게 썰어 들기름을 두르고 중간불에 노릇하게 부친다. 표면이 유부처럼 노릇하게 색이 날 정도로 시간을 충분히 들인다.
   * 두부구이로 이렇게만 먹어도 맛있다! 유부와 두부의 중간 맛
2. 조릴 냄비에 두껍게 채 썬 양파를 깔고, 양념장을 만들어 둔다.
3. 구운두부 위에 양념장과 파를 뿌리고, 두부가 살짝 잠기게 육수를 넣고 중불에서 10-20분 졸인다.
4. 간을 보고 입맛에 맞게 간을 더한 후, 통깨와 약간의 파를 뿌려 완성.

무수분 수육 Boiled Pork Slices with less Water

재료 : (2인분 기준) 무쇠 또는 바닥이 두꺼운 냄비, 삼겹살 수육용 500g, 양파 1개, 맛없는 사과/배 1개 (사과즙 1포 대체가능), 대파 2대, 통후추, 생강술 (미림+생강청 대체가능) 1국자

1. 고기 핏물을 닦아내고 통째로 후라이팬에 노릇하게 겉면을 굽는다.
2. 양파와 맛없는 사과/배 크게 채쳐서 냄비에 깔고, 겉을 구운 고기를 올린 후 대파 2대, 통후추, 생강술 한국자를 고기위에 붓는다.
3. 중강불에서 30-40분 찌듯이 익혀낸다. 중간에 뚜껑을 열어보면 야채와 고기에서 수분이 충분히 나와서 고기가 반쯤 잠겨있다. 한번 뒤집어주며 중불로 낮추고 고루 익혀준다.
4. 30분째에 꺼내서 중간 가장 두꺼운 부분을 썰어서 단면을 확인한다.

허니 소이갈릭치킨 Honey Soy Garlic Chicken

어느새 너무 오른 치킨값이 부담스럽다고 느껴지는 그런 날에는 치킨을 직접 튀겨 봅니다.

재료 : 닭봉/닭날개 500g, 미림 2T, 생강청 1T, 소금, 후추, 감자녹말 3T, 식용유 1컵, 양념(간장 1T, 설탕 1T, 꿀 1T, 식초 1T, 미림 1T, 마늘 3알 굵게 다져서, 물 2T)

1. 닭봉/날개를 깨끗이 씻고, 미림 소금 생강 후추로 30분 밑간한다.
2. 닭에 물기를 닦아주고 감자 녹말과 함께 크린백에 담아 흔들어 녹말옷을 꾹꾹 입혀준다.
3. 식용유를 팬 바닥에서 1cm정도로 붓고 190도로 예열한 후, 닭을 넣어 튀긴다. 기름온도가 180도 이하로 떨어지지 않도록 한번에 너무 많이 넣지말고 닭이 완전히 잠기지 않으니 중간에 한번씩 뒤집어주며 12분정도 튀긴다.
   * 오일 스프레이를 충분히 하고 튀김망에 올려서 에어프라이기에 190도 15-20분 구워내도 됩니다!
4. 양념을 다른 후라이팬에서 한번 끓인 후, 튀긴 닭을 버무려 양념을 바짝 졸여서 완성합니다.

버터갈릭 쉬림프 Butter Garlic Shrimp and Rice

저희는 하와이로 신혼여행을 다녀왔습니다. 메인 관광지인 와이키키에서 차로 한시간 정도 북쪽으로 올라가면 북부 해변 노스쇼어에 도착하는데, 파도가 높아 서퍼들이 많은 지역입니다. 서퍼들이 간단한 식사를 할 수 있는 푸드트럭이 많고 그 중에 버터갈릭 쉬림프 트럭이 여러대 모여있습니다. 한국인이 좋아하는 마늘 듬뿍에, 이 지역에 새우가 많이 잡혀 신선한 새우를 사용하는지 재료가 간단한데도 정말 맛있었습니다.

하와이는 생각만해도 언제든 다시 가고 싶은 곳이고, 생새우가 나올 때 (생새우가 없을 때는 냉동 홍새우라도 써서!) 하와이를 추억하며 자주 만들어 먹는 메뉴입니다.

재료 : (2인) 생새우 대하 / 홍새우 15마리, 마늘 10알, 어간장 1T, 올리브유 반컵, 버터 15g, 소금, 레몬 반개

1. 새우는 머리와 껍질에서 육수가 우러남으로 꼭 사용하는 것을 추천한다. 긴수염, 뾰쪽한뿔만 정리하고 물기 제거한다. 마늘은 굵게 다진다.

2. 올리브유 반컵 정도를 팬에 넣어 중약불에 올린다. (전부 버터를 사용하면 너무 느끼해져서, 버터는 마지막에 향만 입히는 정도로 쓴다)

3. 마늘과 물기를 잘 제거한 새우, 어간장 1T 넣고 중간불로 익힌다. 너무 익히면 새우가 질겨짐으로 생새우 기준 12-14분 정도 익힌다.

4. 간이 부족하면 소금 간 살짝 하고, 불을 *끄고* 잔 열에 버터 한조각을 넣어 향을 입힌다. 레몬 한 조각 꽂아서 낸다.

   * 생 이탈리안 파슬리가 있다면 다져서 올리면 풍미가 훨씬 좋아지고 이것은 모든 파스타에도 적용 가능하다!

루꼴라 토마토 파니니 Arugula and Tomato Panini

마르게리따 피자처럼 빵과 잎채소, 토마토, 치즈 조합이 좋은 샌드위치.
 재료 : 치아바타/식빵, 루꼴라 100g, 토마토 1개, 샌드위치햄, 모짜렐라/에
멘탈/콜비잭 치즈, 홀그레인 머스터드 1T

1. 루꼴라를 씻고 토마토를 슬라이스한다.
 2. 빵을 반으로 가르고 빵-모짜렐라 치즈-루꼴라-토마토-햄 순서로 올린
   다. 남은빵에 머스터드를 바르고 덮어준다.
 3. 파니니팬이나 그릴팬이 있으면 더욱 먹음직하게 구워지겠지만, 그냥 후
   라이팬에 한 면을 꾹 눌러굽고 뒤집어서 다시 눌러 구워도 충분히 맛있게
   된다.

진한 양송이스프 Mushroom Soup

재료 : 양송이 버섯 300g, 양파(중) 1개, 버터 30g, 밀가루 1T, 치킨스톡 1T 녹인 육수 1컵, 우유 1컵, 생크림 1컵, 소금, 통후추

1. 양송이버섯과 양파는 얇게 채썬다.
2. 냄비에 버터를 녹이고 양파와 소금 한꼬집을 넣고 브라운색이 날 때까지 볶아준다.
3. 버섯도 넣고 소금 한꼬집 넣고 볶아줍니다. 바닥에 눌러붙은 것을 잘 긁어가면서 버섯에 수분이 날때까지 잘 볶아준다.
4. 토핑용 버섯을 조금 덜어내고, 밀가루 한 스푼 흩뿌리고 뭉치지 않게 잘 볶다가 육수를 넣고 끓인다.
5. 냄비에 우유와 생크림을 넣어 온도를 약간 떨어뜨린 후, 블랜더로 갈아줍니다. 토핑용 생크림을 약간 남겨두어도 좋습니다.
6. 약한불에 가장자리가 보글보글할 만큼만 약하게 5분 가열하여 완성!

쌍화탕/유자쌍화 Ssanghwatang/ Citron Ssanghwa

다정한 요리친구가 알려주신 귀한 레시피입니다.

재료 : 물 6L, 작약 200g, 황기 60g, 천궁 80g, 당귀 80g, 숙지황 80g, 감초 60g, 계피 60g, 생강 100g (말린생강 60g), 대추 40개, 막걸리, 꿀

세척 및 법제

1. 하루 전날, 천궁의 정유성분은 두통이나 복통을 일으킬 수 있어, 뜨거운\ 물에 한번 씻고 쌀뜨물 주물러 반나절 담근 후, 깨끗한물 바꿔주면서 반 나절 더 담궈둔다. 다음날 팬에 살짝 덖어 수분을 날린다.
2. 황기, 감초는 체에 받쳐 씻고 꿀에 버무려 재운다. (밀구) 다음날 덖는다.
3. 당일, 계피는 체에 받쳐 살짝 씻고, 대추 씻고 반으로 가른다.
4. 백작약, 당귀는 술(막걸리)에 씻어 덖는다. (주초)
5. 숙지황 (생지황을 이미 9증9포 한 것) 술에 10분 찐다.
6. 모든재료와 물 6리터 넣고 2시간정도 뭉근히 달인다. 총 4리터 완성된다. 냉장보관하고 한번에 100ml 데워서 섭취하면 된다.

　물3리터 더 넣고 재탕하여 쌍화차 음료로 마신다.

 # 유자쌍화 : 법제한 백작약,당귀,계피,대추,황기,감초,천궁,숙지황,말린생강 을 작게 잘라서 (일정한 맛을 위해서는 계량할것, 백작약 5g, 나머지 2g씩) 속을 파낸 유자에 꽉 채우고 끈을 묶어 〈10분 찜 +밤새 70도 6시간 건조 + 다음날 햇볕에 말리기〉 이 단계를 9번 거치며 찌는 시간은 3분까지 점차 줄이기, 유자가 점점 마르며 끈이 느슨해지면 다시 묶어주기를 반복한다.

　물 1리터에 유자쌍화 한알 넣고 약한불에 1시간 끓인다. 중간에 재료를 잘게 자르면 더 잘 우러난다. 먹기 전 유자청 한스푼 넣으면 향긋하다.

생강대추청 Ginger and Jujube Concentrate

햇 생강이 나오는 가을에 한번 든든히 만들어 두면 일년내내 목감기약으로 쓸 수 있는 인생 레시피입니다. 작은 토종생강은 전분함량이 높아서 크고 통통한 개량생강을 사용합니다. 생강 1kg정도 연습용으로 먼저 만들어 보고 대용량으로 늘이시기를 권합니다.

재료 : 생강 4-6kg, 대추 1kg, 머스코바도 설탕 1-2kg (일반설탕, 비정제사탕수수원당도 가능하고, 다른 설탕대체체도 사용해보았는데 라칸토, 알룰로스는 청이 섞이지 않고 분리되었다. 머스코바도설탕이 가장 베스트!)

1. 생강은 물에 담궈 겉 흙을 씻어내고, 마디마디를 자른다. 숟가락으로 껍질을 벗겨내고 마무리는 과도로 깨끗이 손질한다.
2. 대추는 찬물에 한번 씻고, 뜨거운 물로 한번 씻어 반을 가른다. 먼지가 많으면 솔로 주름 구석구석 씻어준다.
3. 대추 500g에 물1L를 넣고 전기밥솥 백미코스로 익힌다. 압력솥에 푹 익혀도 된다.
4. 익힌 대추 씨를 제거하고 휴롬에 내려 껍질을 제거합니다. 휴롬이 없다면 체에 받쳐 껍질을 제거합니다.
5. 생강을 중간심과 수직방향으로 잘라서 휴롬에 즙을 내린다. 휴롬이 없으면 믹서기에 갈아서 면보에 받친다. 즙만 사용하고, 건더기는 소주에 담궈서 생강술로 요리에 사용한다.
6. 생강즙은 1시간 가만히 두어 전분을 가라앉힌 후, 윗물만 사용한다.
7. 냄비에 생강즙을 끓인다. 한번 끓으면 설탕을 넣고 절반으로 양이 줄어들면 대추살을 넣고 끓인다. 대추를 넣으면 튈 수가 있어서 장갑을 착용

한다. 설탕을 1/3이상 줄였기 때문에 참기름 농도에서 완성한다.

8. 2주 내로 먹을 것만 냉장보관하고 나머지는 냉동보관 한다. 숙성 될 수록 매운맛이 줄어든다. 뜨거운 물, 뜨거운 우유에 타서 먹는다.

 * 생강즙과 설탕을 1:1로 섞어서 끓이지도 말고 설탕 녹이기만 해서 간단 생강청을 만들어 냉장보관하고 사용해도 좋다!

크림치즈 쿠키 Cream Cheese Cookies

재료 : (6개분량) 크림치즈 240g, 슈가파우더 15g, 버터 125g, 달걀 1개, 바닐라ext 1t, 설탕 100g, 중력분 270g, b.p 3g
(추가재료 얼그레이 티백, 코코아파우더, 레드색소, 녹차가루 등등)
크림치즈, 버터는 실온에 꺼내서 말랑한 상태로 준비하고, 계란도 꺼내둔다.

1. 크림치즈를 잘 풀고 슈가파우더를 섞어준다. 40g씩 동그랗게 소분하여 쿠키반죽 하는 동안 냉동 보관한다.
2. 버터를 풀어주고, 설탕은 잘 섞일 정도로만 살짝 휘핑한다.
3. 계란을 4,5번에 나눠서 조금씩 흘려 넣어준다. 바닐라ext 넣어준다.
4. 가루류 (중력분과 bp를 섞어 체친 것) 넣고 주걱을 세워 #자로 바닥을 훑어가며 반죽한다.
   * 반죽을 나눠서 여러가지 맛으로 만들 때 버터반죽 45g+ 가루류 45g
     얼그레이맛 : 버터반죽 45g + 가루 44g + 얼그레이 1g
     레드벨벳: 버터반죽 45g + 가루 40g + 코코아가루 5g + 레드색소
     녹차: 버터반죽 45g + 가루 40g + 녹차가루 3g
5. (오븐을 180도로 예열) 쿠키반죽 90g으로 소분하고, 크림치즈필링을 동그랗게 감싸서 성형한다.
6. 170도 15-18분 구움색을 보면서 구워준다
7. 완전히 식힌 후 밀봉하여 냉장3일, 냉동2주 보관 가능하다

보니밤 Sweet Chestnuts

리틀포레스트 영화로 유명해진 밤 디저트로 한번쯤 만들어 볼만 합니다.

재료 : 밤 1kg, b.s 10g, 흑설탕 300g, 간장 1T, 럼주 1T

1. 밤은 뜨거운 물에 15분 불렸다가 겉껍질을 벗긴다. 색이 바뀌는 꺼끌한 아랫면과 매끈한면 경계선부터 까면 잘 까진다. 속껍질이 조금이라도 벗겨지면 밤이 깨지기 쉽기때문에 조심히 겉껍질을 제거한다.
2. 깐 밤을 물에 담그고 b.s(베이킹소다) 10g 넣어서 12시간 둔다.
3. 담궈둔 그대로 20분 중간불에 끓여서 물을 버리고 여러번 갈아준다. 끓인 후부터는 밤이 부드러운 상태이므로 조심히 다룬다. 2번 더 끓여내고 물을 갈아준 후에, 남은 껍질과 심지를 이쑤시개로 제거한다.
5. 밤이 살짝 잠길 정도로 물을 붓고, 흑설탕과 간장을 넣어 약한불에 한시간 끓입니다. 불을 끄고 럼주를 넣어 향만 남긴 후 유리병에 넣어 냉장보관 합니다. 차에 곁들이거나, 밤 디저트에 한알씩 올립니다.

호두강정 Walnut Crunch

호두를 과자처럼 바삭바삭 정말 맛있게 만들 수 있는 레시피입니다. 튀기지않고 오븐에 구워 기름냄새도 없고 담백합니다. 식품용 실리카겔을 넣어 수분을 잘 잡아서 보관해야 일주일정도 실온에서 맛있게 먹을 수 있습니다.

재료 : 깐 호두 500g, 설탕 100g, 물엿 100g, 물 200ml
1. 호두를 물에 두세번 깨끗이 씻으면서 껍질이나 이물질 제거한다.
2. 끓는물에 5분 호두를 데치고, 오븐에 5분 구워 수분을 날린다.
3. 후라이팬에 설탕, 물엿, 물을 넣고 중간불에 올려 설탕이 완전 녹을 때까지 젓지 않고 가만히 가열한다.
4. 호두를 넣고 시럽이 없어질 때 까지 졸인다.
5. 오픈 팬에 겹치지 않게 띄워서 넓게 깔고, 145도오븐 15분 굽는다. 눅진한 맛이 없고 바삭하게 고소한 맛이 올라올 때까지 색을 보면서 1분씩 추가로 구워서 식히면 완성.

단호박 크럼블, 쑥크럼블 Sweet Pumpkin / Mugwort Crumble

재료 : (파운드케이크틀 분량) 버터 190g, 피넛버터 1T, 아몬드가루 180g, 설탕 130g, 달걀 1개, 우유 1T, 단호박 450g, 크림치즈 50g, 소금, 시나몬

1. 크럼블 만들기 : 버터 90g와 피넛버터 1T를 풀고 설탕 50g, 소금,시나 몬 약간씩 넣어 섞어준다. 아몬드가루 80g, 박력분 80g을 넣고 주걱을 세워 #자로 고슬고슬하게 약간씩 뭉치는 소보루 상태로 만들어 냉장휴지한다.

   쑥 크럼블 반반토핑 하려면 버터 40g, 아몬드가루 15g, 박력분 30g, 쑥가루 5g, 소금약간, 설탕 30g 추가로 만든다.

2. 단호박조림 : 단호박 100g을 작게 깍둑 썰어서 물 70g, 설탕 30g과 같 이 15-20분 졸인 후 충분히 식혀서 사용한다. 크림치즈 50g도 깍둑썰 어 필링으로 같이 준비해 둔다.

3. 크럼블 절반을 팬 바닥에 꾹꾹 눌러 깔고 170도 15분 구워낸다.

4. 단호박필링 : 단호박을 익혀서 속을 파내어 250g준비하고, 버터 100g, 설탕 50g, 달걀 50g, 우유 15g (단호박에 따라 당도와 농도를 조절한다), 아몬드가루 100g섞어 필링을 준비한다.

5. 구워 낸 바닥지에 필링 / 단호박, 크림치즈 토핑 /필링/ 크럼블 순으로 쌓아서 170도 40-50분 색을보며 구워낸다.

6. 부드러워 깨지기 쉬우니 식힌 후 틀에서 빼내고, 따뜻할때 보다 냉장숙 성하여 시원하게 먹는 것이 더 맛있었다.

밥솥약밥 Yaksik made with a Rice Cooker

재료 : 찹쌀 700g , 대추 120g (반은넣고 반은토핑), 밤 200g, 건포도 80g, 잣 80g, 양념(물 520ml, 진간장 6T, 설탕 4T, 홍삼청 1T, 시나몬), 참기름

1. 찹쌀은 씻어서 20분간 불리기 시작하면서 다른 재료 손질한다. 대추는 씨를 빼서 채 썰고, 밤은 깐밤이나 맛밤을 이용한다.
2. 찹쌀은 체에 받쳐 물을 완전히 빼고, 대추절반, 밤, 건포도, 잣 절반, 양념을 넣어 전기밥솥 백미코스로 설정한다.
3. 백미코스 완성 후 참기름 한숟갈 넣어 잘 섞어준다.
4. 네모틀에 토핑 재료를 뿌리고 약밥을 펴서 식히고 잘라서 랩핑한다.

밥솥인절미 Injeolmi made with a Rice Cooker

재료 : 찹쌀 500g, 물 450ml, 소금 1/2T, 설탕 1T, 들기름, 콩가루

1. 찹쌀은 씻어 물 450ml , 소금, 설탕 넣고 백미코스로 찹쌀밥을 짓는다.
2. 기름 바른 스탠드 반죽기에 7분정도 반죽한다. 중간중간 주걱에 물을 묻혀서 중앙으로 모아준다.
3. 들기름 바른 도마에 쏟아 주걱으로 자르고 콩가루에 굴리거나, 종이호일에 켜켜히 쌓아서 후라이팬에 부쳐 먹는다.

밥솥 단호박식혜 Sweet Pumpkin Sikhye made with a Rice Cooker

재료 : 엿기름 250g, 식은 밥 1공기, 물 2L, 설탕 1T, 단호박 반개

1. 엿기름에 물을 섞고 1시간동안 앙금을 가라앉힌다. 윗물만 사용한다.
   엿기름 티백으로 대체 가능하다.
2. 식은밥에 엿기름물 2리터 붓고, 설탕 1T 넣어 8시간 보온한다. 밥알이
   몇 알 떠오르면 숙성이 완료되었다는 뜻이다.
3. 단호박을 익혀서 속을 파내고, 식혜 1컵과 함께 믹서기에 갈아서 체에
   내린다.
4. 식혜와 단호박 간 것을 모두 냄비에 넣고 한번 끓인다. 은은한 단맛이
   있다. 당도를 입맛에 맞게 설탕을 약간 추가해 조절하면 된다.

사워크림 컵케이크 Sour Cream Cupcakes

정말 촉촉하고 묵직하니 맛있는 기본 버터케이크 레시피.

재료 : 버터 150g, 설탕 150g, 소금 2g, 계란 3개(150g), 바닐라ext 5ml,
박력분 250g, bp 7g, 사워크림 250g

* 버터, 계란, 사워크림을 실온에 2시간 정도 내어두기

1. 부드러워진 버터를 거품기로 가볍게 풀어주고, 설탕+소금을
   2.3번나눠가며 섞어준다.
2. 계란+바닐라ext 3번에 나누어 분리되지 않게 조금씩 섞어준다.
3. 박력분+베이킹파우더를 체쳐ex넣고 #자를 그리듯 가르며 섞어준다.
4. 가루가 살짝 보일 때, 사워크림을 넣고 완전히 섞어준다.
5. 머핀컵에 스쿱으로 90% 팬닝하고 160도 30분 구워낸다.

티라미수 Tiramisu

마스카포네치즈와 커스터드크림의 부드러운 맛이 잘 어울리는 벨벳 티라미수입니다.

재료 : 레이디핑거쿠키 - 계란 2개, 설탕 40g, 박력분 50g, 슈가파우더
(시판 사보이아르디 레이디핑거 구매하셔서 쓰셔도됩니다)
커피시럽 - 에스프레소 2샷, 흑설탕 1큰술, 깔루아/럼 1큰술
치즈크림 - 노른자 2개, 설탕 40g, 마스카포네치즈 250g, 생크림 100ml, 코코아파우더

1. (핑거쿠키) 계란 2개 흰자와 노른자를 분리합니다.
2. 흰자를 30초 먼저 풀고 설탕을 2번 나누어 넣어 3분정도 단단한 머랭을 올려줍니다.
3. 노른자 2개를 넣고 머랭이 꺼지지 않게 퍼올리며 섞어줍니다.
4. 박력분을 체쳐 넣고 주걱으로 반죽을 가르고 퍼올리며 반죽합니다.
5. 원형깍지를 끼운 짤주머니에 담고, 7cm 길이로 팬닝한 후 슈가파우더를. 도톰하게 뿌립니다.
6. 170도 12-15분 구워내 식힘망에 충분히 식혀줍니다.
7. (치즈크림) 노른자와 설탕을 휘핑하면서 중탕으로 65도까지 가열하여 살균합니다.
8. 미지근하게 식힌 후, 마스카포네치즈를 넣어 부드럽게 풀어줍니다.
9. 생크림을 90% 휘핑하여 치즈반죽에 섞어줍니다.
10. 핑거쿠키를 커피시럽에 담궈서 바닥에 깔고 치즈크림을 올리고 카카오 파우더를 뿌려 완성합니다. 냉장고에 크림을 살짝 굳혀 먹습니다.

비스코티 Biscotti

바삭하게 두번 구워내 수분이 적어서 실온에 일주일정도 오래두고 먹을 수 있는 쿠키입니다. 커피에 찍어서 먹으면 풍미가 더 좋습니다.

재료 : 계란 1개, 설탕 30g, 소금, 바닐라ext, 박력분 100g, 아몬드. 파우더 50g, 베이킹파우더 1g, 녹인버터 30g(식용유 가능), 통아몬드 75g

1. 계란을 풀어주고, 설탕을 넣어 밝은색이 될 때까지 휘핑합니다. 소금 한 꼬집과 바닐라ext도 약간 넣어줍니다.
2. 가루류를 체쳐서 넣고 주걱을 세워 가르듯이 반죽합니다.
3. 녹인버터와 통아몬드를 넣어 섞어줍니다.
4. 평평하게 사각으로 팬닝하여 170도 20분 구워냅니다.
5. 살짝 따뜻할 정도까지 식었을 때, 일반 큰 칼을 사용하여 힘주어 한번에 누르듯이 1cm 간격으로 잘라줍니다.
6. 쿠키를 눕혀서 촘촘하게 팬닝하고 160도 10분, 뒤집어 10분 더 구워냅니다.

10 월 말, 남편 생일에 해마다 케이크를 만듭니다.

겨　울 :

타코와 홈메이드 사워크림 Tacos and Homemade Sour Cream

친한 친구와의 모임이나 여유있는 주말 식사에 타코파티를 준비해봅니다.

재료 : (4인기준) 멕시칸시즈닝(타코/파이타), 돼지고기 구이용 200g, 새우 200g, 멕시칸치즈, 고수, 타코 토띠야, 라임1개
타코소스 - 다진소고기 200g, 양파 1개, 피망 1개, 케첩 2T, 멕시칸시즈닝
토마토살사 - 토마토 2개, 양파 1개, 라임즙 2T, 소금
과카몰리 - 아보카도 2개, 토마토 1개, 양파 반개, 라임즙 2T, 소금, 후추
샐러드 - 사워크림 200g, 양상추 300g, 소금, 설탕

1. 돼지고기와 새우에 멕시칸시즈닝을 뿌려서 간이 배도록 잠시 둔다.
2. 타코소스 - 다진소고기에 멕시칸시즈닝을 뿌려두고, 양파와 피망은 작게 다진다. 다진 양파, 피망, 소고기, 케첩 순서로 넣어 볶는다.
3. 토마토살사 - 토마토와 양파는 작게 다지고, 라임즙과 소금을 뿌려 버무린다. 취향에 따라 고수와 매운고추를 더하기도 한다.
4. 과카몰리 : 아보카도는 으깨고, 작게 다진 양파와 다진 토마토, 라임즙, 소금, 후추로 버무린다.
5. 샐러드 : 양상추는 길게 채 썰고 사워크림과 버무린다. 입맛에 따라 소금, 설탕을 조금씩 더한다.
   * 사워크림을 구하기 어려울 때, 동물성 생크림에 유산균 캡슐을 2,3개 까서 넣고 실온에서 하루 발효시키면 홈메이드 사워크림이 된다.
6. 또띠야는 부드러워질 정도로 따뜻하게 3분 쪄낸다.
7. 시즈닝한 돼지고기와 새우는 따로 구워낸다.
8. 준비 한 것을 그릇에 담아내고, 각자 입맛에 맞게 또띠아에 싸서 먹는다.

밀푀유 나베 Millefeuille Nabe

샤브보다 간단하고, 만들어서 냉장보관했다가 바로 서빙해도 좋습니다.

재료 : (2인기준) 배추잎 큰것 3장, 푸른야채(청경채, 깻잎, 쑥갓) 100g, 샤브용 고기 200g, 샤브육수/쯔유, 샐러드소스/칠리소스, 숙주, 우동면

1. 배추잎을 바닥에 두고, 고기, 푸른야채 순서로 차곡차곡 쌓는다.
2. 비슷한 너비로 5등분 하여 냄비에 둘러 담는다.
3. 샤브육수를 재료가 살짝 잠길 정도까지 붓고, 끓으면 3분 더 끓인다.
4. 집에 있는 여러 샐러드소스들을 샤브 소스로 응용해도 좋다.
5. 남은육수에 숙주와 우동면을 넣어 추가로 먹는다.

꼬막비빔밥 Seasoned Cockle Bibimbap

재료 : (4인분량) 꼬막 1kg, 양념 (간장 40ml, 고추가루 10g, 초장 15g, 올리고당 15g, 다진양파 70g, 다진대파 10g, 참기름 10ml, 깨)

1. 꼬막은 바락바락 문질러 3번씻고 냄비에 물과 함께 넣고 끓으면 한 방향으로 저으며 3분 더 익혀준다. 절반의 꼬막이 입을 열리면 다 익은 것으로 보고 건져내서 살을 발라낸다.
2. 양념을 먼저 만들어 두고 꼬막살과 함께 버무린다.
3. 야채 (양배추채 한줌, 오이 1개, 깻잎 10장)와 김가루, 양념꼬막을 2 큰술씩 올리고 참기름 살짝 둘러서 완성한다.

채소듬뿍 라구소스 Ragu Sauce with Vegetables

채소를 듬뿍 넣어서 따뜻하고 담백하게 만든 레시피입니다. 파스타 (특히 숏파스타!) 에 잘 어울리고, 빵에 듬뿍 올려 먹어도 맛있습니다.

재료 : 다짐육 1kg (소/돼지 반반), 샐러리 1단, 당근 2개, 양파 2개, 새송이버섯 1봉지, 피망 2개, 옥수수 1캔, 토마토소스 1병, 닭육수 1컵, 허브

1. 고기는 핏물을 키친타올에 잠시 받쳐두고, 야채는 작게 다진다.
2. 양파 볶아서 잠시 덜어두고, 고기를 볶으며 핏물이 없어지면 샐러리와. 당근 (소금간 살짝 해주고), 피망, 새송이 순서로 더하여 볶아준다.
3. 수분이 부족하면 닭육수를 1컵 붓고, 볶은 양파와 토마토소스 1병, 옥수수 넣어 중간불에 30분 끓입니다.
4. 간을 보고 취향껏 허브를 넣어 완성합니다.

크림 양배추롤 Creamy Cabbage Roll

재료 : (2인기준) 양배추 겉잎 12장, 다진소고기 150g, 다진돼지고기 150g, 양파 반개, 계란 1개, 다진마늘 1T, 소금, 후추, 밀가루, 치킨육수 1컵, 소스 1컵(크림소스/토마토소스 취향껏)

1. 양배추는 심지를 파내고, 겉잎을 떼어낸다. 잘 안떼어내지면 뜨거운 물에 양배추를 담그면 겉잎부터 익으면서 잘 떼어진다. 양배추는 5분정도 부드럽게 익힌다.
2. 양파는 다지고, 다진고기, 계란, 양념을 넣고 속을 만든다.
3. 양배추 심지가 너무 딱딱하면 중간중간 칼집을 넣고 속을 2스푼 넣어 돌돌 말아준다.
4. 밀가루를 얇게 뿌리고, 후라이팬에 겉을 살짝 구워 색을 냅니다.
5. 치킨육수 1컵과 소스 1컵을 넣어 양배추롤이 살짝 잠길 정도가 되면 뚜껑을 덮고 중간불로 10분 익혀냅니다.

올리브문어 Octopus cooked in Olive oil

재료 : 문어 1kg 한마리, 굵은소금, 밀가루, 올리브유 1컵, 월계수잎 3장 마늘 5알, 허브

1. 문어는 가위로 머리를 자르고 뒤집어서 내장을 제거한다.
2. 굵은 소금으로 문질러 씻고, 밀가루 1큰술 넣어서 씻기를 2번 반복한다.
3. 냄비에 올리브유를 1컵, 마늘, 허브를 넣고 불을켜서 뚜껑을 열고 문어를 앞 뒤로 뒤집으며 익힌다. (5분)
4. 뚜껑을 닫고 중약불로 40분 가열한다. (중간에 한번 뒤집어준다)
5. 뚜껑을 덮어 10-20분 식힌 후, 한입 크기로 자르고 냄비에 남은 오일은. 파스타나 리조또, 파에야 등에 사용한다.

크리스피 삼겹살 Crispy Pork Belly

재료 : (육식맨 레시피) 껍질 붙은 삼겹살 1kg, 소금, 후추, 식용유조금

1. 삼겹살을 두께 5cm로 자르고, 껍데기 쪽에 1cm간격으로 비계까지 닿을정도 살짝 깊게 칼집 낸다.
2. 4면에 골고루 소금,후추간을 해주고, 껍질이 위로가게 랙에 올려 125도. 2시간 오븐에 구워낸다.
3. 불꺼진 후라이팬에 껍질이 아래로 가도록 놓고, 껍질이 살짝 잠길정도로 오븐에서 나온 돼지기름에 식용유를 추가하여 붓고 약불로 익힌다.
4. 5분정도 후에 껍데기 면이 보글거리는지 확인하고, 껍데기를 전체적으로 잘 익힌 후, 가로로 눕혀 처음 칼집간격대로 자른다.

문어는 정말 부드럽고, 삼겹살 껍질은 과자처럼 크리스피 합니다.

삿포로 스프카레 Sapporo Soup Curry

재료 : (2인분) 닭다리살 3쪽, 양파 1개, 토핑야채 (파프리카, 대파, 양배추, 당근, 단호박, 줄기콩, 가지, 토마토, 버섯 등등), 일본카레 파우더 2T (전분, 팜유가없고 향신료만 섞인 것을 사용하는 것이 좋다), 치킨스톡 1T, 물 1L

1. 냄비에 닭다리살을 살짝 소금 간하여 껍질부터 바짝 구워내고, 그 기름으로 채친 양파를 카라멜 색이 날때까지 중약불 에서 볶는다.
2. 물 1L, 치킨스톡, 카레파우더를 풀어 끓인다. 일반카레가루나 고형카레는 팜유와 소맥분, 전분 등이 있어서 완성 했을 때 맛과 식감이 달라진다.
3. 토핑 할 여러 야채들을 한입 크기로 썰어서 200도 오븐에 구워낸다. 오븐이 없다면 후라이팬에 하나씩 볶고, 토치로 구움색을 더해도 좋다.
4. 30분 정도 끓여낸 스프 간을 보고, 토핑을 올려 완성한다.

명태껍질튀김 Fried Pollack skin

동네 반찬가게에서 처음 먹어보고 깜짝 놀라서 재현한 맛입니다. 콜라겐이 풍부하고 정말 맛있어서 간식으로도 많이 집어먹습니다.

재료 : 명태껍질 200g, 식용유, 양념 (고추가루 1-2T, 간장 2T, 설탕 2T)
 1. 명태껍질은 가위로 지느러미를 잘 제거하고 신용카드 사이즈로 자른다.
 2. 후라이팬에 기름을 1cm 붓고 가열한 후, 나무젓가락을 넣어 기포가 뽀글뽀글 올라올 때, 명태껍질을 3-5장 넣고 5초 튀긴다. 넣자마자 도로록 말리는데 다시 펴진다. 살짝 노릇할 정도로 한다 (색이 많이나면 쓴맛이 난다)
 3. 명태껍질은 채에 받쳐두고, 후라이팬에 기름을 3스푼 정도 남기고 양념을 넣어 한번 끓으면 불을 끄고 잔열에 명태껍질을 버무려준다.

병아리콩전 Chickpeas with Vegetable Pancake

정말 고소하고, 야채의 식감과 맛의 균형이 좋습니다.

재료 : (2인분 기준) 병아리콩 1컵(150g), 배추 1/4통, 불린고사리 70g, 대파 3대, 다진마늘 1/2T, 소금 1/2T, 간장 1T, 찹쌀가루 1T

1. 병아리콩은 씻어서 5시간 이상 불려둔다.
2. 배추는 작게 다져서 소금 1/2T에 30분 절인다. 고사리와 대파는 작게 썰어둔다.
3. 불린병아리콩(300g)이 살짝 잠길정도 물을 넣고 믹서기에 곱게 갈아준다.절인배추 물기를 꼭 짜고, 대파, 고사리, 갈은 병아리콩, 간장, 다진마늘, 찹쌀가루를 넣어 반죽한다. 다진마늘이 병아리콩전의 킥이다.
4. 후라이팬에 기름을 넉넉히 두르고 한국자씩 부쳐낸다.

감자미역국 Potato Seaweed Soup

고기없이 감자의 포근포근한 맛으로 채우는 담백한 미역국입니다.

재료 : 건미역 30g, 들기름 2T, 국간장 1T, 소금, 육수 1L (멸치/사골), 감자 2-3개

1. 미역은 불려서 한입 크기로 자르고, 감자는 약간 크게 깍둑썬다.
2. 냄비에 들기름을 두르고 미역을 볶다가, 육수와 국간장, 감자를 넣어 뭉근히 끓인다. (멸치육수를 담백한 맛을, 사골육수는 고소한 맛을 내는데 사골은 물을 반반섞어 너무 진하지 않게 한다)
3. 간을 보고 부족하면 소금간 하여 완성.

굴깍두기 Oyster Radish Kimchi

깊은 시원함에 아삭한 겨울의 맛입니다.

재료 : 생굴 500g, 무 1개, 천일염 1T, 고추 2개, 쪽파 5대, 생밤 5알, 양념(200ml컵기준 고추가루 3/4컵, 다진마늘 1/2컵, 생강청 1T, 매실청 1T, 꿀 1T, 새우가루 1T, 까나리/멸치액젓 3T, 간단 찹쌀풀 (물 반컵에 찹쌀가루 1숟갈 넣고 전자렌지에 30초씩 3번 돌리며 중간중간 섞어서 만든다)

1. 생굴은 옅은 소금물에 껍질이 남아있지 않은지 손으로 살피며 두번 정도 헹궈낸다.
2. 무는 깨끗이 씻고 엄지손톱크기, 두께는 1cm로 썰어서 천일염 1T에 고루 버무려 15-30분 절인다. 고추, 쪽파,생밤은 어슷썬다.
3. 찹쌀풀을 전자렌지로 만들어 식혀두고, 고추가루, 다진마늘, 생강청, 매실, 꿀, 새우가루, 액젓 섞어둔다.
4. 절여진 무는 물기를 꼭 짜서 볼에 넣고 양념과 버무린다.
5. 충분히 식은 찹쌀풀에 굴을 먼저 버무리고, 양념한 무에 고추, 쪽파, 굴을 모두 넣고 살짝 버무려 완성한다.
6. 주방에 1시간뒀다가 냉장고 하루 숙성하고 다음날부터 먹는다. 일주일 정도 먹을만큼 조금씩만 담는다.

한포기 김치 Kimchi made with One Korea-cabbage

처음에는 작게 도전해보면서, 한해 한해 레시피를 쌓아 나만의 김치를 만들어봅시다.

재료 : 배추 1포기(3kg), 굵은소금 250g 물 2L, 무 200g, 청갓 90g (미나리 대체가능), 쪽파 50g, 양념-고추가루 220g, 황태육수 100ml, 찹쌀풀(찹쌀가루 5g+물 35ml 전자렌지 30초 2번가열), 다진마늘 70g, 다진생강 6g (생강청 대체가능), 배즙 30ml, 꿀 20g, 새우가루 10g, 생새우 한마리(갈아서), 소금 5g, 새우젓 40g, 멸치액젓 20g, 까나리액젓 20g, 검은깨 5g

1. 배추를 반으로 가르고, 중간에 깊게 칼집낸다.
2. 물 2L에 소금 절반을 넣어 완전히 풀어준다.
3. 배추를 소금물에 고루 적시고, 남은 소금을 한줌씩 쥐고 흰 줄기 쪽에 켜켜이 뿌려 무거운 것으로 꾹 눌러 절인다.
4. 4시간 절이고, 위아래 바꾸고 4시간 더 절여서 줄기를 구부렸을 때 부서지지 않고 휘어지면 다 절여진 것이다. 반을 갈라서 총 4쪽을 만든다.
5. 물에 2번 헹궈낸 후, 체에 걸쳐 물기를 빼둔다.
6. 찹쌀풀, 황태육수, 배즙, 고추가루를 섞어 30분 불려둔다.
7. 무는 얇게 채치고, 청갓(미나리), 쪽파도 비슷한 길이로 잘라둔다.
8. 고추가루 불린 것, 채친 무, 모든 양념을 다 버무리고 마지막에 청갓(미나리), 쪽파를 넣어 살짝만 버무린다.
9. 양념을 4등분 하고, 속을 한장한장 바른다. 줄기 위주로 속을 채우고 이파리에는 남은 양념으로 살짝 바른다. 겉잎으로 싸서 김치통에 담는다.
10. 실온에서 하루 익힌 후, 냉장고 2주 익힌 후 먹는다.

제주레몬 착즙청 Jeju Lemon Cordial

제주에서 무농약으로 키운 연두빛 레몬이 나오는 겨울이면, 농약 걱정없이 한박스사서 여기저기 활용하고, 착즙청도 듬뿍 만들어 둡니다.

재료 : 레몬 10개, 설탕 350-500g, 감자칼, 레몬스퀴즈
1. 레몬을 깨끗이 씻는다 (일반 레몬은 주방세제 - 굵은소금 - 끓는물 - 밀가루 순으로 여러번 농약과 왁스를 제거하는 과정을 거쳐야 하는데, 제주 무농약 레몬은 세제로만 따뜻한 물에 씻는다)
2. 감자칼로 얇게 껍질만 벗겨 낸 후, 레몬즙을 낸다.
3. 레몬즙 무게의 80-100%양의 설탕과, 얇게 벗겨 낸 껍질과 함께 살짝 가열하여 설탕을 녹입니다. 1주일 냉장숙성 후, 스파우트 파우치에 넣어 냉동보관하면 1년까지 보관 가능하다.

밀크티 Milk Tea

겨울에 끓여 먹으면 정말 맛있고 진한 밀크티입니다.

재료 : (2인) 물 한컵(200ml), 홍차 큰 한숟갈 10g, 설탕 20g, 우유한컵

1. 물 한컵을 밀크팬에 넣고 팔팔 끓으면 불을 끄고, 홍차를 한스푼 가득 넣고 뚜껑을 닫아 5분 우린다. (다른 음식을 조리하는 냄비를 같이 쓰면 혹시 음식향이 섞일까봐 저는 밀크팬을 따로 두고 사용합니다)
2. 맛있는 설탕 한 스푼과 (일반 설탕도 맛있지만 앵무새설탕이나 머스코바도설탕 있으시면 한번 써보세요) 미지근한 우유를 넣고 가장자리가 살짝 끓을 때 까지 가열하면 완성

냉장숙성밀크티 (10배하면 대용량법)

1. 우유 100ml 가장자리 끓으면 설탕 25g 넣고 5분 약불로 조린다(연유화)
2. 홍차 15g넣고 10분 우려낸 후, 미지근한 우유 450ml 부어 하루 냉장숙성하여 완성 (중간중간 저어주면 좋다)

코코아밤 Cocoa Bomb

뜨거운 우유를 부으면 초콜렛 쉘이 녹으면서 선물 같은 재료들이 쏟아져 나오는 서프라이즈 겨울 음료입니다.

재료 : (6개기준) 실리코마트 반구틀 6구짜리, 밀크초콜렛 100g, 다크초콜렛 100g, 타먹는 코코아 6스푼, 마쉬멜로우, 과자, 초코볼, 장식용(화이트초콜렛, 크런치), 뜨거운 우유

1. 그릇에 초콜렛을 담고, 그릇보다 작은 냄비에 물을 끓이고 위에 그릇을 올려 중탕으로 초콜렛을 잘 저어가며 녹인다.
2. 실리콘 반구틀에 작은 스푼을 이용하여 녹인 초콜렛을 꼼꼼히 잘 펴바르고 굳힌다.
3. 초콜렛을 한번 더 꼼꼼히 펴바른다. 접합부가 되는 가장자리를 도톰하게 발라준다.
4. 실리콘틀에서 초콜렛을 분리한다. 처음에는 요령이 없어 몇개 깨지기도 하는데요, 포인트는 1)초콜렛을 꼼꼼히 두번 바를 것 2) 단단히 굳힐 것 3)실리콘틀을 뒤집듯이 까면서 분리하는 것이 될것 같네요 !
5. 전자렌지에 뜨겁게 데운 그릇에 초콜렛을 얹어 살짝 녹이고 안쪽에 코코아가루, 마쉬멜로우, 과자, 말린과일칩 등등을 채운다.
6. 나머지 반구 초콜렛을 살짝 녹여 덮어서 반구 두개를 이어 붙여줍니다.
7. 화이트초콜렛, 과자, 초콜렛 등으로 윗면을 장식하면 완성

Cocoa Bombs !

크런치도 뿌리고, 과자, 초코볼도 올려줍니다

수플레 팬케이크 Souffle Pancakes

이불처럼 푹신푹신한 수플레 팬케이크

재료 : (4개분량) 계란 2개 (노른자와 흰자 분리), 우유 25ml, 박력분 30g, 럼 1t, 설탕 40g, 아이스크림 스쿱, 뒤집개, 식용유 약간, 물

1. 흰자를 먼저 살짝 풀어주고, 설탕을 두번 나눠 넣으며 단단한 짧은뿔 머랭낸 후, 후라이팬은 약불로 예열을 시작한다.
2. 노른자에 우유를 먼저 풀고, 박력분 섞은 뒤 머랭을 두번 나눠 섞는다.
3. 살짝 오일 코팅하고 2스쿱씩 두개 반죽을 쌓아 올린 후, 물을 2스푼 두른 후 뚜껑 덮어 3분 익힌다. 조심히 뒤집고 물 2스푼 두른 후 불을 끄고 3분 추가로 속까지 익힌다.
4. 메이플시럽과 버터한조각 올려 완성

사과쿠키 Apple Cookies

버터 없이도 졸인사과가 구워지면서 수분감을 더해주고 젤리+카라멜같은
풍미를 냅니다.

재료 : 사과조림(사과2개, 설탕 35g, 계피가루 1g, 레몬즙 1t)
쿠키반죽 (식물성오일 70g, 계란1개, 설탕 40g, 바닐라ext, 소금1g, 박력분
210~250g, b.s 1g, b.p 1g, 피칸 50g)

1. 사과는 껍질을 깎아서 작게 깍뚝 썰고 설탕, 계피, 레몬즙을 넣어 수분이
   없어질 때까지 바닥을 저어가며 졸여서 식혀둔다. 피칸은 살짝 구워서
   사과조림 사이즈로 썰어둔다.
2. 큰 볼에 오일와 계란, 설탕, 바닐라ext을 먼저 섞는다. 가루류를 섞어
   체에 한번 내린 후 액체류에 넣어 #자로 자르듯이 섞어주다가 날가루가
   보이지 않을 때 사과조림과 피칸을 넣어 크게 섞는다. (반죽농도는 손에
   묻어나지 않을 정도이다. 질다면 박력분을 조금씩 추가해서 더 넣어준다)
3. 탁구공 사이즈로 성형하면 160도 20-23분, 테니스공 사이즈로
   성형한다면 180도에서 17-20분 구워낸다. 공모양으로 나눈 후, 윗부분을
   눌러 평평하게 만들어 굽는다.

생카라멜 Fresh Caramel

'친절한 홍춘이' 블로그를 운영하던 시절에, 통아몬드 카라멜 포스팅으로 크게 유명해진 사건을 기억한다면 당신은 나의 오랜 친구다.

작고 예쁘게 만든 생카라멜세트를 선물 받고, 옛날 추억에 잠겨 한동안 열심히 만들었던 생카라멜 비법들을 풀어봅니다.

재료 : 물 60ml, 흰설탕 (또는 사탕수수원당) 260g, 물엿 85g, 생크림 220ml, 버터 50g (버터대신 땅콩버터, 초콜렛 가능), 토핑 (말돈소금, 오렌지칩, 땅콩분태 등)

도구- 온도계, 바닥 두꺼운 중간사이즈 이상의 냄비, 내열 실리콘주걱

1. 바닥 두꺼운 냄비에 물을 먼저 넣고, 설탕, 물엿순서로 넣고 젓지 않고 가만히 가열한다. 설탕이 다 녹으면 냄비채 회전해서 색을 고루내고 170-180도까지 가열한다 (카라멜화)

2. 불을 끄고 따뜻하게 데운 생크림을 여러번 나눠 넣으며 젓는다. 수증기가 확 올라 매우 뜨겁고 많이 부풀어오르니 아주 조심한다 !!

3. 생크림이 다 섞였으면 불을 중간불로 다시 켜고, 버터 50g 넣고 (땅콩맛은 - 땅콩버터, 초코맛은 - 다크초콜렛을 버터 대신 넣는다) 바닥까지 잘 저어주며 최종온도 115-120도까지 가열한 뒤 버터코팅한 틀에 부어 냉장온도에서 5시간이상 굳힌다.

4. 일정한 사이즈로 잘라준 후, 유산지에 말아서 포장한다.

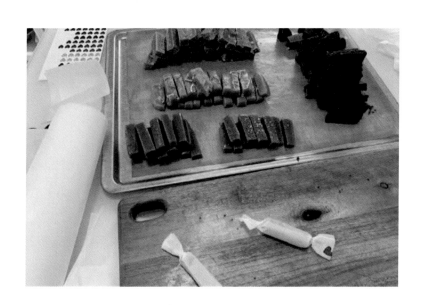

르뱅쿠키 Levain Cookie

르뱅쿠키는 뉴욕 Levain Bakery에서 판매하는 아메리칸 쿠키로 유명해져서 고유명사로 불리게 되었습니다. 아메리칸 쿠키답게 크고 엄-청 달콤합니다. 많은 설탕양이 맛만 달게 하는 것이 아니라 겉은 바삭하고, 수분을 저장하여 쿠키 속을 쫀득하게 만드는 역할도 합니다. 보통 쿠키는 구운 첫날에 밖은 바삭하고, 속은 덜 익은 듯이 촉촉하다가 다음날이 되면 중앙에 모여있던 수분이 전체적으로 고루 퍼지게 되어 첫날과는 다른 식감이 됩니다. Levain Bakery 원조 르뱅쿠키는 제 입맛에는 살짝 덜 익힌듯한 식감과, 엄청난 단맛이 부담스러워서 한국인 입맛에 맞게 당도는 절반 가까이 줄이고 조금 더 굽는 레시피로 수정하였습니다. 혹시 원조의 맛이 궁금하시면 설탕을 1.8배로 늘이시고 오븐 200도 13분 구워보세요.

재료 : (12개 기준) 무염버터 200g, 황설탕 200g, 소금 1g, 계란 2개, 럼 5ml, 중력분 200g, 박력분 120g, 옥수수전분 5g, bp 3g, bs 2g, 호두분태 150g, 다크 초콜렛 300g (커버쳐와 칩을 반반 섞을 것)
* 녹차맛 : 박력분 120g을 박력분 100g+말차가루 10g으로 대체
* 초코맛 : 박력분 120g을 박력분 50g+코코아 50g으로 대체
1. 버터와 계란을 실온에 꺼내어둔다 (여름 1시간 겨울 3시간)
2. 호두를 전처리한다 (세척후 5분 끓이기 - 150도 10분 구운 후 쿨링)
3. 가루류를 모아 계량하고 체친다.
4. 버터 크림화, 설탕 2번 나누어넣고 계란 휩한다. 휘핑은 최소화한다.
5. 가루를 넣고 J자로 섞고 초콜렛, 호두분태 넣어 반죽 완료한다.
6. 100g 분할하여 냉장휴지 1시간, 180도 12-14분 구워낸다.

브라우니 brownie

 수많은 브라우니 레시피를 구워보면 머리가 저릿할만큼 달거나 너무 수분이 많거나, 설탕양을 너무 줄이면 빵같은 브라우니가 나오고는 하는데요, 10년에 걸친 레시피 수정과 여러번의 수업으로 증명된 실온, 냉장, 냉동에서 식감이 모두 다른 맛있는 브라우니 레시피 알려드릴께요.

재료 : 16*16cm틀 기준, 다크초콜렛 카카오함량 50% 이상 150g, 무염버터 90g, 실온계란 2개, 황설탕 100g (70g이하로 줄이면 쫀득하지 않고 빵같은 식감이 됩니다), 흰설탕 45g, 소금 1g, 박력분 45g, 카카오파우더 30g

1. 다크초콜렛과 버터는 볼에 담아 중탕으로 완전히 녹인다. 가루는 모아서 한번 체치고, 틀에 유산지를 깔아둔다.
2. 다른볼에 계란을 풀고, 설탕을 넣고 2분 기계로 휩해서 완전히 녹인다
3. 계란에 녹인 초콜렛을 붓고, 가루를 넣어 가르듯이 섞어줍니다.
4. 예열된 오븐에 165도 23-25분 구워낸다.
5. 반죽 살짝 묻어나올 때 꺼내서 쇼크 한번 주고 실온에서 완전히 식힌. 후 냉장 3시간후 컷팅합니다.
 * 브라우니 위에 크림치즈 필링을 올려 구워도 좋다.
 (크림치즈필링 : 크림치즈 100g, 실온계란 25g, 설탕 15-30g, 바닐라ext)

생초콜릿같은 쫀득한 파베브라우니
재료 : 16*16cm틀 기준, 다크초콜렛 카카오함량 50% 이상 130g, 무염버터 100g, 실온계란 2개, 황설탕 90g, 물엿 20g, 소금 1g, 박력분 40g, 생크림 20ml

1. 다크초콜렛과 버터 중탕으로 완전히 녹인다.
2. 녹인 초콜렛에 물엿, 황설탕, 소금을 넣고 거품이 생기지 않게 천천히. 저어서 섞어준다.
3. 실온온도에 맞춰진 계란과 생크림을 두세번 나누어 넣고 천천히 섞는다.
4. 박력분을 체쳐 넣고 부드럽게 섞는다.
5. 155도 20분 구워낸다. (가운데 반죽이 가볍게 묻어나는정도)
6. 쇼크 한번주고 실온에서 완전히 식힌후, 냉장 6시간후에 컷팅한다.
* 반드시 냉장온도로 먹는 생초콜렛같은 식감의 브라우니다. 실온에 두면 질척이는 식감이 된다.

까눌레 Canelé

풀빵처럼 단순한 재료로 아주 놀라운 맛을 내는 까눌레입니다.

재료 : 설탕 170g, 박력분 125g, 바닐라빈 1개, 버터 30g+30g, 우유 500ml, 계란 1개, 계란노른자 2개, 럼 30ml, 까눌레 틀 (동틀과 밀랍을 쓰면 아주 잘된다고 하지만, 저는 동틀없고 쉐프메이드 틀을 사용합니다)

1. 볼에 설탕과 박력분을 섞어 두고, 밀크팬에 바닐라빈, 버터 30g, 우유를 넣어 65도까지(가장자리가 보글거릴정도) 가열합니다.
2. 볼에 가열한 우유를 절반 넣고 가루와 잘 섞어줍니다.
3. 계란과 노른자를 풀어서 반죽에 넣고 섞어줍니다.
4. 나머지 우유와 럼을 넣고 섞어 랩 밀착시켜 냉장숙성 12-24시간 합니다.
 * 다음날 *
5. 오븐을 230도로 예열 시작하고, 말랑말랑한 버터를 까눌레틀에 두껍게 펴바르고 냉동실에 둡니다
6. 냉장 반죽을 잘 저어주고 체에 한번 내립니다.
7. 틀에 90%로 팬닝하고 230도 25분-190도 10분-180도 20분 버터방울이 없어지고 색이 고루 날때까지 구워줍니다.
8. 뒤집어 틀에서 빼고, 빠르게 식힌 후 겉이 딱딱해지면 완성입니다.

Merry Christmas

Happy New Year

Epilogue .

진해를 떠나기 전에 책을 완성하는 것이 목표였는데, 목표를 거쳐 대전에서 책을 완성하게 되었습니다. 출판은 최소 6개월에서 1년은 생각해야 한다는 전문가의 조언들이 하나 틀린 말이 없습니다.

이미 정리되어 있는 레시피를 옮겨 적는 작업임에도 적잖이 한계에 부딪혔습니다. 요리과정을 글로 표현하는 한계와 사진의 한계, 자료도 부족했고 지지부진한 속도에 지치는 날들도 많았습니다. 그럼에도, 엄마의 부엌을 빌려서 요리하던 꿈 많던 학생이 결혼해서 자기의 부엌을 가지고 요리와 씨름하던 많은 날들을 떠올리며, 어떻게 완성될지는 모르겠지만 오랜 버킷리스트 였던 '요리책 출판하기'를 하나 이루어 낸 것에 참 감사합니다.

저도 요리에 대한 열정이 넘치는 날이 있고, 하나도 없는 날들이 있습니다. 그럴 때 방향을 잃지 않게 도와주는 것이 이 책이 되었으면 합니다.
저의 음식을 기억하는 많은 분들이 저와 같은 계절, 같은 요리를 하는 부엌에서 이 책이 함께하길 바라며, 저는 또 새로운 곳에서 밥을 짓고, 달콤한 것들을 구워내고 있겠습니다.
내가 먹는 것이 나를 만듭니다. 건강하고 맛있는 음식을 즐겁게 드시고, 어디서든 몸과 마음이 건강하시길 기도합니다.

2023년 6월
홍예지 드림